U0880127

电力工程起重机械安全技术管理及典型案例分析

孙家华　杨周彬　编著

中国电力出版社
CHINA ELECTRIC POWER PRESS

内 容 提 要

本书在对电力工程常用起重机械的主要技术参数、起重机械各部件的安全技术要求进行详细介绍的基础上，对起重吊装作业、起重机械的安全使用、大型起重机械的自检与检验、起重机械的检查与维护的安全管理要求分别做了全面、系统的介绍。在附录部分主要介绍了各种起重机械的安全技术检验报告、试验报告以及日常机械安全管理中常见的表格，以此规范电力工程起重机械安全管理，提升整体管控水平。

本书数据可靠、内容翔实、简明实用。可供结构吊装和设备安装起重技术人员随时查用参考，也是起重机械安全技术管理部门、起重机械安装维修单位、各类起重机械用户和各级管理人员、检测人员、工程技术人员、安装调试人员和操作人员的实用工具书。

图书在版编目（CIP）数据

电力工程起重机械安全技术管理及典型案例分析/孙家华，杨周彬编著.—北京：中国电力出版社，2021.3

ISBN 978-7-5198-5487-4

Ⅰ.①电… Ⅱ.①孙…②杨… Ⅲ.①电力工程—起重机械—安全管理 Ⅳ.①TH21

中国版本图书馆 CIP 数据核字（2021）第 052157 号

出版发行：中国电力出版社
地　　址：北京市东城区北京站西街 19 号（邮政编码 100005）
网　　址：http：//www.cepp.sgcc.com.cn
责任编辑：畅　舒（010-63412312）
责任校对：黄　蓓　常燕昆
装帧设计：王红柳
责任印制：吴　迪

印　　刷：北京天宇星印刷厂
版　　次：2021 年 3 月第一版
印　　次：2021 年 3 月北京第一次印刷
开　　本：850 毫米×1168 毫米　32 开本
印　　张：9.5
字　　数：150 千字
印　　数：0001—1500 册
定　　价：38.00 元

前 言

随着电力行业的飞速发展，国家、行业颁布实施了一系列关于电力工程起重机械安全管理的法律、法规及相关规程、规范和标准等，为规范电力工程起重机械的安全管理，提高电力建设质量水平，奠定了良好的基础。但是，编者在多个电力工程现场安全检查过程中仍发现很多项目起重机械安全管理不到位，甚至有违反标准强制性条文的现象。

为了更深入地规范电力工程起重机械的安全管理，落实标准强制性条文，提高安全管理水平，贯彻特种设备法“安全第一、预防为主、节能环保、综合治理”的原则，加强施工现场起重机械的设备管理，保证机械设备技术状况良好，确保起重机械使用中人员与财产的安全，全面提升电力工程起重机械安全技术管理水平，编者经过归纳、分析、总结，依照国家、行业相关法律、法规及规程规范，结合电力工程实际，编写了《电力工程起重机械安全技术管理及典型案例分析》一书。

本书共分七章，主要内容包括起重机械基础知识、起重机械各部件安全技术要求、起重吊装作业、起重机械的使用、大型起重机械的自检与检验、检查与维护、起重机械常见隐患与事故案例。

由于编者水平有限，书中难免存在疏漏和不足之处，敬请各位批评指正，我们将在适当时候进行修订完善。

编著者

2021 年 1 月

目 录

目 录

目 录

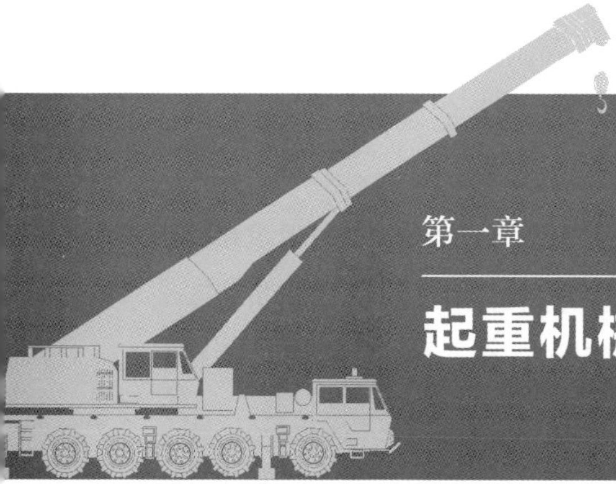

第一章

起重机械基础知识

第一节　术　　语

1. 大型起重机械

大型起重机械（heavy lifting machinery）是指电力工程中对人身和财产有较大危险性、对施工进度有较大影响的起重机械，包括但不限于：

（1）额定起重量大于等于 50t 的桥式起重机。

（2）额定起重量大于等于 40t 的门式起重机。

（3）起重力矩大于等于 40t · m 的塔式起重机，以及用于冷却塔施工的平桥。

（4）额定起重量大于等于 50t 的流动式起重机。

（5）施工升降机。

（6）额定起重量大于等于 30t 的门座式起重机和桅杆式起重机。

（7）钢索式液压提升装置。

（8）额定起重量大于等于 100t 的吊装门架（液压顶升门架）。

（9）额定起重量大于等于 15t 的卷扬机。

（10）由多台中小型起重设备组成的总起重量大于等于 60t 的组合吊装装置（以下简称组合吊装装置）。

2. 全地面起重机

全地面起重机（All terrain crane）又称全路面起重机。全地面起重机是一种兼有汽车起重机和越野起重机特点的高性能产品。它既能像汽车起重机一样快速转移、长距离行驶，又可满足在狭小和崎岖不平或泥泞场地上作业的要求，即行驶速度快、多桥驱动、全轮转向、三种转向方式、离地间隙大、爬坡能力强等特点。

3. 轮胎起重机

轮胎起重机（Tire crane）是利用轮胎底盘行走的动臂旋转起重机。轮胎起重机是把起重机构安装在加重型轮胎和轮轴组成的特制底盘上的一种全回转式起重机，其上部构造与履带式起重机基本相同，为了保障安装作业时机身的稳定性，起重机设有四个可伸缩的支腿。在平坦地面上可不用支腿进行小起重量吊装及低速行驶。

第二节　一 般 规 定

（1）起重机械进入施工现场需出具的设备资料。

1）整机入场的起重机械需要提供的资料：起重机械特种设备制造许可证、出厂合格证、使用说明书等。

2）需安装拆卸的起重机械需要提供的资料：起重机械特种设备制造许可证、出厂合格证、型式试验报告、安装拆卸、维修使用说明书、备案证明。

3）汽车起重机等不属于特种设备的起重机械需要提供的资料：流动式起重机司机作业资格证、驾驶证、行驶证、年检证明、使用和维护保养记录、厂家提供的使用维护说明书、出厂合格证等相关资料。

（2）起重机械有下列情形之一的，不得出租、使用：

1）属国家明令淘汰或禁止使用的品种、型号。

2）超过安全技术标准或制造厂规定的使用年限的。

3）经检验达不到安全技术标准规定的。

4）没有完整安全技术档案的。

5）没有齐全有效的安全保护装置的。

（3）起重机械的安全技术档案要包括以下资料：

1）特种设备的设计文件、产品质量合格证明、安装及使用维护保养说明、监督检验证明等相关技术资料和文件。

2）特种设备的定期检验和定期自行检查记录。

3）特种设备的日常使用状况记录。

4）特种设备及其附属仪器仪表的维护保养记录。

5）特种设备的运行故障和事故记录。

（4）起重机、施工电梯、钢索式液压提升装置等大型起重机械拆装方案必须经技术负责人审批后方可施工。

（5）由多台中小型起重设备组成的组合吊装装置，宜执行本书规定。

（6）起重机械的选用，要使选用的起重机械的使用温度、主要性能参数、利用等级、载荷状态、工作级别等与工程施工工作量的需要相匹配。

（7）作业前要对工作环境、行驶道路、架空电线、建筑物以及构件重量和分布情况进行全面了解。

（8）工作场地、环境和基础承载能力要满足起重机械的安全使用要求。

（9）起重机要装有音响清晰的信号装置。在起重臂、吊钩、平衡重等转动体上要标以鲜明的色彩标志。

（10）起重机的变幅限制器、力矩限制器、重量限制器以及各种行程限位开关等安全保护装置，要完好齐全、灵敏可靠，不得随意调整或拆除。严禁利用限制器和限位装置代替操纵机构。

（11）对于属于国家市场监督管理总局监管的起重

机械，起重机械指挥、司机要取得《特种设备作业人员证》，对于房屋建筑工地和市政工程工地的建筑起重机械，司索信号工、建筑起重机械司机要取得建筑施工特种作业人员操作资格证书。特种设备作业人员和建筑施工特种作业人员在作业时要密切配合，执行规定的指挥信号。当信号不清或错误时，操作人员可拒绝执行。

（12）操纵室远离地面的起重机，在正常指挥发生困难时，要采用对讲机等有效的通信联络措施。

（13）在风速达到 8.0m/s 及以上大风时，禁止起重机械及垂直运输机械的安装拆卸作业，禁止吊运大模板、受热面大模块等大体积物件。在风速达到 10.8m/s 及以上大风或大雨、大雪、大雾等恶劣天气时，要停止露天的起重吊装作业。重新作业前，要先试吊，确认各种安全装置灵敏可靠后方可进行作业。

（14）操作人员进行起重机回转、变幅、行走和吊钩升降等动作前，要发出音响信号示意。

（15）起重机作业时，在臂长的水平投影范围内设置警戒线，并有监护措施；起重臂和重物下方严禁有人停留、工作或通过，禁止从人上方通过；严禁用起重机载运人员。

（16）操作人员要按规定的起重性能作业，不得超载。

（17）严禁使用起重机进行斜拉、斜吊和起吊地下埋设或凝固在地面上的重物以及其他不明重量的物体。

（18）起吊重物要绑扎平稳、牢固，不得在重物上再堆放或悬挂零星物件。易散落物件要使用吊笼栅栏固定后方可起吊。标有绑扎位置的物件，要按标记绑扎后起吊。吊索与物件的夹角宜采用 45°～60°，且不得小于 30°，吊索与物件棱角之间要有护角。

（19）起吊载荷达到起重机额定起重量的 90％及以上时，要先将重物吊离地面不大于 200mm 后，检查起重机的稳定性，制动器的可靠性，重物的平稳性，绑扎的牢固性，确认无误后方可继续起吊。对大体积或易晃动的重物要拴拉绳。

（20）重物起升和下降速度要平稳、均匀，不得突然制动。回转要平稳，当回转未停稳前不得作反向动作。非重力下降式起重机，不得带载自由下降。

（21）严禁起吊重物长时间悬挂在空中，作业中遇突发故障，要采取措施将重物降落到安全地方，并关闭发动机或切断电源后进行检修。在突然停电时，要立即把所有控制器拨到零位，断开电源总开关，并采取措施使重物降到地面。

（22）起重机的任何部位与架空输电导线的安全距

离不得小于表 1－1 的规定。

表 1－1　　起重机与架空输电导线的安全距离

作业距离	电压（kV）						
	<1	10	35	110	220	330	500
垂直方向（m）	1.5	3.0	4.0	5.0	6.0	7.0	8.5
水平方向（m）	1.5	2.0	3.5	4.0	6.0	7.0	8.5

（23）起重机使用的钢丝绳，要有钢丝绳制造厂签发的产品技术性能和质量的证明文件。

（24）起重机使用的钢丝绳，其结构形式、强度等规格要符合起重机使用说明书的要求。钢丝绳与卷筒要连接牢固，放出钢丝绳时，卷筒上要至少保留三圈，收放钢丝绳时要防止钢丝绳损坏、扭结、弯折和乱绳，不得使用扭结、变形的钢丝绳。

（25）向转动的卷筒上缠绕钢丝绳时，不得用手拉或脚踩来引导钢丝绳。钢丝绳涂抹润滑脂，必须在停止运转后进行。

（26）制动轮的制动摩擦面不要有妨碍制动性能的缺陷或沾染油污。制动轮出现下述情况之一时，要报废：

1）裂纹。

2）起升、变幅机构的制动轮，轮缘厚度磨损大于原厚度的 40％。

3）其他机构的制动轮，轮缘厚度磨损大于原厚度的50%。

4）轮面凹凸不平度达1.5～2.0mm（小直径取小值，大直径取大值）时。

第二章

起重机械各部件安全技术要求

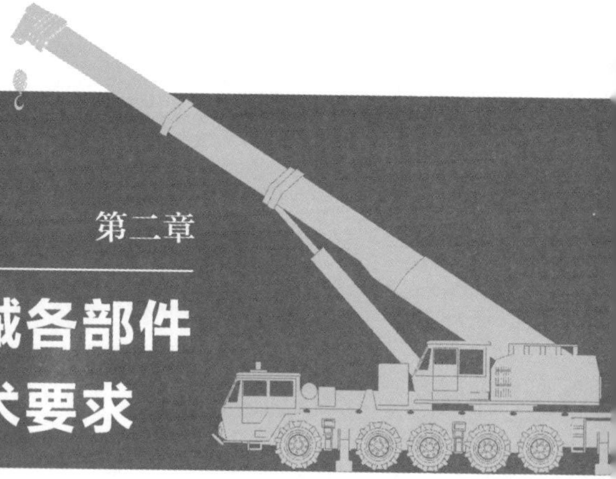

本章重点介绍了起重机械各部件及系统的安全技术要求。起重机械可能由于使用中磨损、恶劣环境影响、维修保养不及时和不规范，以及安装等过程中的一些原因产生机械缺陷，并对上述缺陷提出了明确要求。

第一节 金属结构

1. 司机室

（1）除极端恶劣的气候条件外，在工作期间司机室内的工作温度宜保持在 15～30℃之间。长期在高温环境工作的司机室内设降温装置，底板下方要设置隔热板。

（2）司机室的窗离地板高度不到 1m 时，玻璃窗做成不可打开的或加以防护，防护高度不要低于 1m；玻璃窗采用钢化玻璃或相当的材料。司机室地板上装有玻璃的部位也要加以防护。司机室底窗和天窗安装防护栏时，防护栏要尽可能不阻挡视线。

（3）司机室地板要用防滑的非金属隔热材料覆盖。

（4）司机室工作面上的照度至少达到 30 lx。

（5）重要的操作指示器要有醒目的显示，并安装在司机方便观察的位置。指示器和报警灯及急停开关按钮要有清晰永久的易识别标志。指示器要有合适的量程并要便于读数。报警灯要具有适宜的颜色，危险显示要用红灯。

2. 通道与平台

（1）起重机上所有操作部位以及要求经常检查和保养的部位（包括臂架顶端的滑轮和运动部分），凡离地面距离超过 2m 的，都要通过斜梯（或楼梯）、平台、通道或直梯到达，梯级的两边要装设护栏。不论起重机在什么位置，通道、斜梯（或楼梯）、平台都要有安全入口。如臂架可放到地面或人员可到达的部位进行全面直接检查，或者设有其他构造能进行直观检查时，则臂架上也可以不设置通道。

（2）起重机处在正常工作状态下的任何位置时，人员要能方便安全地进出司机室。

如果起重机在任何位置，人员不能直接从地面进入司机室，且司机室地板离地面的高度不超过 5m，司机室内配备有合适的紧急逃逸装置（例如绳梯）时，则司机室进出口可以限制在某些规定的位置。

如果起重机在任何位置，人员都不能直接从地面进入司机室，以及司机室的地板离地面的高度超过 5m 时，起重机要设置到达司机室的通道；对于桥式起重机等，如能提供适当的装置使人员方便安全地离开司机室，则司机室进出口可以限制在某些规定的位置。

一般情况下要通过斜梯或通道，从同司机室地板一样高且备有栏杆的平台直接进入司机室。平台与司机室入口的水平间隙不要超过 0.15m，与司机室地板的高低差不要超过 0.25m。只有在空间受到限制时，才允许通过司机室顶部或地板进入司机室。

（3）斜梯、通道和平台的净空高度不要低于 1.8m。运动部分附近的通道和平台的净宽度不要小于 0.5m；如果设有扶手或栏杆，在高度不超过 0.6m 的范围内，通道的净宽度可减至 0.4m。固定部分之间的通道净宽度不要小于 0.4m。

起重机结构件内部很少使用的进出通道，其最小净空高度可为 1.3m，但此时通道净宽度要增加到 0.7m。只用于保养的平台，其上面的净空高度可以减到 1.3m。

（4）工作人员可能停留的每一个表面都要保证不发生永久变形：

1）2000N 的力通过直径为 125mm 圆盘施加在平台表面的任何位置。

2）$4500N/m^2$ 的均布载荷。

（5）任何通道基面上的孔隙，包括人员可能停留区域之上的走道、驻脚台或平台底面上的狭缝或空隙，都要满足如下要求：

1）不允许直径为20mm的球体通过。

2）当长度大于等于200mm时，其最大宽度为12mm。

（6）通道离下方裸露动力线的高度小于0.5m时，要在这些区域采用实体式地板；当通道靠近动力线时，要对这些动力线加以保护。

3. 斜梯与直梯

凡高度差超过0.5m的通行路径要做成斜梯或直梯。高度不超过2m的垂直面上（例如桥架主梁的走台与端梁之间），可以设踏脚板，踏脚板两侧要设有扶手。

（1）斜梯。

1）斜梯的倾斜角不宜超过65°。特殊情况下，倾斜角也不要超过75°（超过75°时按直梯设计）。

2）斜梯两侧要设置栏杆，两侧栏杆的间距：主要斜梯不要小于0.6m，其他斜梯可取为0.5m。斜梯的一侧靠墙壁时，只在另一侧设置栏杆，栏杆高度不小于1m。

3）梯级的净宽度不要小于0.32m，单个梯级的高度宜取为 0.18～0.25m，斜梯上梯级的进深不要小于梯级的高度，连续布置的梯级，其高度和进深均要为相同尺寸。

4）梯级踏板表面要防滑。

（2）直梯。

1）直梯两侧撑杆的间距不要小于 0.40m，两侧撑杆之间梯级宽度不要小于 0.30m，梯级的间距要保持一致，宜为 0.23～0.30m，梯级离开固定结构件至少 0.15m，梯级中心 0.1m 范围内要能承受 1200N 的分布垂直力而无永久变形。

2）人员出入的爬越孔尺寸，方孔不宜小于 0.63m×0.63m，圆孔直径宜取为 0.63～0.80m。

3）高度 2m 以上的直梯要有护圈，护圈从 2.0m 高度起开始安装，护圈直径宜取为 0.6～0.8m。护圈之间要由三或五根间隔布置的纵向板条连接起来，并保证有一根板条正对着直梯的垂直中心线，相邻护圈之间的距离：当护圈设置三根纵向板条时，不要大于 0.9m，当护圈设置五根纵向板条时，不要大于 1.5m。安装了纵向板条的护圈在任何一个 0.1m 的范围内要可以承受 1000N 的分布垂直力，不允许有永久变形。

4）除非提供有其他合适的把手，直梯的两边撑杆至少要比最上一个梯级高出 1.0m，当空间受限制时此高出的高度也不要小于 0.8m。

5）装在结构内部的直梯，如果结构件的布置能够保证直径为 0.6m 的球体不能穿过，则可不设护圈。

6）直梯每 10m 至少要设一个休息平台。如果空间不够，可以将平台靠在整个连续直梯的旁边。

7）直梯的终端宜与平台平齐，梯级终端踏板或踏杆不要超过平台平面。

8）如梯子在平台处不中断，则护圈也不要中断，但要在护圈侧面开一宽为 0.5m、高为 1.4m 的洞口，以便人员出入。

4. 栏杆

（1）在起重机上的以下部位要装设栏杆：

1）用于进行起重机安装、拆卸、试验、维修和保养，且高于地面 2m 的工作部位。

2）通往离地面高度 2m 以上的操作室、检修保养部位的通道。

3）在起重机上存在跌落高度大于 1m 的危险通道及平台。

（2）栏杆的设置要满足以下要求：

1）栏杆上部表面的高度不低于 1m，栏杆下部有高度不低于 0.1m 的踢脚板，在踢脚板与手扶栏杆之间有不少于一根的中间横杆，它与踢脚板或手扶栏杆的距离不得大于 0.5m；对净高不超过 1.3m 的通道，手扶栏杆的高度可以为 0.8m。

2）在手扶栏杆上的任意点任意方向要能承受的最小力为 1 000N，且无永久变形。

3）栏杆允许开口，但开口处要有防止人员跌落的保护措施。

4）在沿建筑物墙壁或实体墙结构设置的通道上，允许用扶手代替栏杆，这些扶手的中断长度（例如为让开建筑物的柱子、门孔）不宜超过 1m。

5. 高强度螺栓连接

（1）高强度螺栓连接的设计施工及验收要符合 JGJ 82—2011《钢结构高强度螺栓连接技术规程》的规定。

（2）高强度螺栓连接处构件接触面要按设计要求作相应处理，要保持干燥、整洁，不要有飞边、毛刺、焊接飞溅物、焊疤、氧化铁皮、污垢等，除设计要求外接触面不要涂漆。

（3）高强度螺栓要按起重机械安装说明书的要求，用扭矩扳手或专用工具拧紧。连接副的施拧顺序和初拧、复拧扭矩要符合设计要求和 JGJ 82—2011 的规定。

扭矩扳手要定期标定并要有标定记录。高强度螺栓要有拧紧施工记录。

6. 金属结构的修复和报废

（1）主要受力构件失去整体稳定性时不要修复，要报废。

（2）主要受力构件发生腐蚀时，要进行检查和测量。当主要受力构件断面腐蚀达设计厚度的 10％时，如不能修复，要报废。

（3）主要受力构件产生裂纹时，要根据受力情况和裂纹情况采取阻止措施，并采取加强或改变受力分布措施，或停止使用。

（4）主要受力构件因产生塑性变形，使工作机构不能正常地安全运行时，如不能修复，要报废。

第二节　起 升 机 构

（1）机构基本要求：起重机械各机构的构成与布置，均要满足使用需要，保证安全可靠。零部件的选择与计算要符合 GB/T 3811—2008《起重机设计规范》中的有关规定。

（2）起升机构要满足下列要求：

1）按照规定的使用方式要能够稳定的起升和下降额定载荷。

2）吊运危险物品的起升机构，每套独立驱动装置要装有两个支持制动器；在安全性要求特别高的起升机构中，要另外装设安全制动器。

3）起升机构要采取必要的措施避免起升过程中钢丝绳缠绕。

4）当吊钩处于工作位置最低点时，卷筒上缠绕的钢丝绳，除固定绳尾的圈数外，不要少于 3 圈；当吊钩处于工作位置最高点时，卷筒上还宜留有至少 2 整圈的绕绳余量。

（3）运行机构要满足下列要求：

1）按照规定的使用方式要能够使整机和小车平稳地启动和停止。

2）露天工作的轨道运行式起重机要设有可靠的防风装置。

（4）回转机构在工作状态下，按照规定的使用方式要能够平稳地启动和停止。

（5）变幅机构要满足下列要求：

1）按照规定的使用方式，起升机构悬吊额定载荷时，动臂变幅机构要能够提升和下降臂架并能保持在静止状态（不允许带载变幅的变幅机构要保持臂架在静止状态）。

2）采用钢丝绳变幅的机构，变幅机构的卷筒必须有足够的容绳量，保证完成起重臂从最大幅度到最小幅度位置的作业。

第三节 钢 丝 绳

（1）钢丝绳安全系数要符合表 2－1 的规定。

表 2－1　钢丝绳的选择系数 *C* 和安全系数 *n*

机构工作级别		选择系数 C 值							安全系数 n	
		钢丝公称抗拉强度 σ_t（N/mm^2）								
		1470	1570	1670	1770	1870	1960	2160	运动绳	静态绳
纤维芯钢丝绳	M1	0.081	0.078	0.076	0.073	0.071	0.070	0.066	3.15	2.5
	M2	0.083	0.080	0.078	0.076	0.074	0.072	0.069	3.35	2.5
	M3	0.086	0.083	0.080	0.078	0.076	0.074	0.070	3.55	3
	M4	0.091	0.088	0.085	0.083	0.081	0.079	0.075	4	3.5
	M5	0.096	0.093	0.090	0.088	0.085	0.083	0.079	4.5	4
	M6	0.107	0.104	0.101	0.098	0.095	0.093	0.089	5.6	4.5
	M7	0.121	0.117	0.114	0.110	0.107	0.105	0.100	7.1	5
	M8	0.136	0.132	0.128	0.124	0.121	0.118	0.112	9	5
钢芯钢丝绳	M1	0.078	0.075	0.073	0.071	0.069	0.067	0.064	3.15	2.5
	M2	0.080	0.077	0.075	0.073	0.071	0.069	0.066	3.35	2.5
	M3	0.082	0.080	0.077	0.075	0.073	0.071	0.068	3.55	3
	M4	0.087	0.085	0.082	0.080	0.078	0.076	0.072	4	3.5

续表

机构工作级别		选择系数 C 值							安全系数 n	
		钢丝公称抗拉强度 σ_t（N/mm^2）								
		1470	1570	1670	1770	1870	1960	2160	运动绳	静态绳
钢芯钢丝绳	M5	0.093	0.090	0.087	0.085	0.082	0.080	0.076	4.5	4
	M6	0.103	0.100	0.097	0.094	0.092	0.090	0.085	5.6	4.5
	M7	0.116	0.113	0.109	0.106	0.103	0.101	0.096	7.1	5
	M8	0.131	0.127	0.123	0.120	0.116	0.113	0.108	9	5

注 对于吊运危险物品的起重用钢丝绳，一般应比设计工作级别高一级的工作级别选择表中的钢丝绳选择系数 C 和钢丝绳最小安全系数 n 值。对起升机构工作级别为 M7、M8 的某些冶金起重机和港口集装箱起重机等，在使用过程中能监控钢丝绳劣化损伤发展进程，保证安全使用，保证一定寿命和及时更换钢丝绳的前提下，允许按稍低的工作级别选择钢丝绳；对冶金起重机最低安全系数不应小于 7.1，港口集装箱起重机主起升钢丝绳和小车曳引钢丝绳的最低安全系数不应小于 6，伸缩臂架用的钢丝绳的安全系数不应小于 4。

（2）起升机构和非平衡变幅机构不要使用接长的钢丝绳。

（3）钢丝绳端部的固定和连接要符合如下要求：

1）用编结连接时，编结长度不要小于钢丝绳直径的 20 倍，并且不小于 300mm。连接强度不要小于钢丝绳最小破断拉力的 75%。

2）采用绳卡固接时，与钢丝绳直径匹配的绳卡的规格、数量要符合表 2－2 的规定，最后一个绳卡距绳头的长度不得小于 140mm。绳卡滑鞍（夹板）要在钢丝绳承载时受力的一侧，U形螺栓要在钢丝绳的尾端，不得正反交错。

表2-2　与绳径匹配的绳卡数

钢丝绳直径（mm）	≤19	19～32	32～38	38～44	44～60
最少绳卡数（个）	3	4	5	6	7

3）用楔块、楔套连接时，楔套要用钢材制造。连接强度不要小于钢丝绳最小破断拉力的75%。

4）用锥形套浇铸法连接时，连接强度要达到钢丝绳的最小破断拉力。

5）用铝合金套压缩法连接时，连接强度要达到钢丝绳最小破断拉力90%。

（4）钢丝绳可见断丝的报废基准要符合表2-3的规定。

表2-3　可见断丝报废基准

序号	可见断丝的种类	报废基准
1	断丝随机地分布在单层缠绕的钢丝绳经过一个或多个钢制滑轮的区段和进出卷筒的区段，或者多层缠绕的钢丝绳位于交叉重叠区域的区段	单层和平行捻密实钢丝绳见表2-4，阻旋转钢丝绳见表2-5
2	在不进出卷筒的钢丝绳区段出现的呈局部聚集状态的断丝	如果局部聚集集中在一个或两个响铃的绳股，即使6d长度范围内的断丝数低于表2-4和表2-5的规定值，可能也要报废钢丝绳

续表

序号	可见断丝的种类	报废基准
3	股沟断丝	在一个钢丝绳捻距（大约为 6d 的长度）内出现两个或更多断丝
4	绳段固定装置处的断丝	两个或更多断丝

（5）单层和平行捻密实钢丝绳，达到报废程度的最少可见断丝数见表 2-4。

表 2-4　单层和平行捻密实钢丝绳中达到报废程度的最少可见断丝数

钢丝绳类别编号 RCN	外层股中承载钢丝的总数 n	可见外部断丝的数量*					
		在钢制滑轮上工作和/或单层缠绕在卷筒上的钢丝绳区段（钢丝断裂随机分布）				多层缠绕在卷筒上的钢丝绳区段**	
		工作级别 M1～M4 或位置级别***				所有工作级别	
		交互捻		同向捻		交互捻和同向捻	
		$6d$ 长度范围内	$30d$ 长度范围内	$6d$ 长度范围内	$30d$ 长度范围内	$6d$ 长度范围内	$30d$ 长度范围内
01	$n \leqslant 50$	2	4	1	2	4	8
02	$51 \leqslant n \leqslant 75$	3	6	2	3	6	12
03	$76 \leqslant n \leqslant 100$	4	8	2	4	8	16
04	$101 \leqslant n \leqslant 120$	5	10	2	5	10	20
05	$121 \leqslant n \leqslant 140$	6	11	3	6	12	22
06	$141 \leqslant n \leqslant 160$	6	13	3	6	12	26

续表

钢丝绳类别编号 RCN	外层股中承载钢丝的总数 n	可见外部断丝的数量*					
		在钢制滑轮上工作和/或单层缠绕在卷筒上的钢丝绳区段（钢丝断裂随机分布）				多层缠绕在卷筒上的钢丝绳区段**	
		工作级别 M1～M4 或位置级别***				所有工作级别	
		交互捻		同向捻		交互捻和同向捻	
		$6d$ 长度范围内	$30d$ 长度范围内	$6d$ 长度范围内	$30d$ 长度范围内	$6d$ 长度范围内	$30d$ 长度范围内
07	$161 \leqslant n \leqslant 180$	7	14	4	7	14	28
08	$181 \leqslant n \leqslant 200$	8	16	4	8	16	32
09	$201 \leqslant n \leqslant 220$	9	18	4	9	18	36
10	$221 \leqslant n \leqslant 240$	10	19	5	10	20	38
11	$241 \leqslant n \leqslant 260$	10	21	5	10	20	42
12	$261 \leqslant n \leqslant 280$	11	22	6	11	22	44
13	$281 \leqslant n \leqslant 300$	12	24	6	12	24	48
	$n>300$	$0.04n$	$0.08n$	$0.02n$	$0.04n$	$0.08n$	$0.16n$

注 1. 对于外股为西鲁式结构且每股的钢丝小于等于 19 的钢丝绳（例如 6×19Seale），在表中的取值位置为其“外层股中承载钢丝总数”所在行之上的第二行。

2. 填充钢丝不作为承载钢丝，因而不包括在 n 值之中。

3. d 为钢丝绳工称直径。

* 一根断丝有两个断头（按一个断丝计数）。

** 这些数值适用于交叉重叠区域和由于钢丝绳偏角影响的缠绕绳圈之间干涉引起的劣化（不适用于只在滑轮上工作而不在卷筒上缠绕的区段）。

*** 机构的工作级别为 M5～M8 时，断丝数可取表中数值的两倍。

（6）阻旋转钢丝绳，达到报废程度的最少可见断丝数见表 2－5。

表 2－5　阻旋转钢丝绳中达到报废程度的最少可见断丝数

钢丝绳类别编号 RCN	外层股中承载钢丝的总数 n	可见外部断丝的数量			
		在钢制滑轮上工作和/或单层缠绕在卷筒上的钢丝绳区段		多层缠绕在卷筒上的钢丝绳区段	
		$6d$ 长度范围内	$30d$ 长度范围内	$6d$ 长度范围内	$30d$ 长度范围内
21	4 股 $n \leqslant 100$	2	4	2	4
22	3 股或 4 股 $n \geqslant 100$	2	4	4	8
23－1	$71 \leqslant n \leqslant 100$	2	4	4	8
23－2	$101 \leqslant n \leqslant 120$	3	5	5	10
23－3	$121 \leqslant n \leqslant 140$	3	3	6	11
24	$141 \leqslant n \leqslant 160$	3	6	6	13
25	$161 \leqslant n \leqslant 180$	4	7	7	14
26	$181 \leqslant n \leqslant 200$	4	8	8	16
27	$201 \leqslant n \leqslant 220$	4	9	9	18
28	$221 \leqslant n \leqslant 240$	5	10	10	19
29	$241 \leqslant n \leqslant 260$	5	10	10	21
30	$261 \leqslant n \leqslant 280$	6	11	11	22

续表

钢丝绳类别编号 RCN	外层股中承载钢丝的总数 n	可见外部断丝的数量			
		在钢制滑轮上工作和/或单层缠绕在卷筒上的钢丝绳区段		多层缠绕在卷筒上的钢丝绳区段	
		$6d$ 长度范围内	$30d$ 长度范围内	$6d$ 长度范围内	$30d$ 长度范围内
31	$281 \leqslant n \leqslant 300$	6	12	12	24
	$n \geqslant 300$	6	12	12	24

注 见表 2-4 注。

第四节 吊钩、吊钩夹套及其他取物装置

（1）锻造吊钩的机械性能、起重量、应力及材料要符合 GB/T 10051.1—2010《起重吊钩 第 1 部分：力学性能、起重量、应力及材料》的规定。

（2）起重机械不要使用铸造吊钩。

（3）当使用条件或操作方法会导致重物意外脱钩时，要采用防脱绳带闭锁装置的吊钩；当吊钩起升过程中有被其他物品钩住的危险时，要采用安全吊钩或采取其他有效措施。

（4）吊运物品时需同步供给电能的取物装置（例如电磁吸盘、电动抓斗或液压抓斗等），其供电

电缆的收放速度要与该取物装置升降速度相匹配，在升降过程中电缆不要过分松弛和碰触起重钢丝绳。

（5）在可分吊具上，要永久性地标明其自重和能起吊物品的最大质量。

（6）锻造吊钩的标志要永久、清晰。标志的内容要符合 GB/T 10051.2—2010《起重吊钩 第 2 部分：锻造吊钩技术条件》的规定。

（7）起重机的吊钩和吊环严禁补焊。当出现下列情况之一时要更换：

1）表面有裂纹、破口。

2）危险断面及钩颈锈蚀永久变形。

3）挂绳处断面磨损超过高度 10%。

4）吊钩衬套磨损超过原厚度 50%。

5）心轴（销子）磨损超过其直径的 5%。

第五节 起重用短环链

（1）短环链的材料和制造、标志要符合 GB/T 20947—2007《起重用短环链 T 级（T、DAT 和 DT 型）高精度葫芦链》和 GB/T 20652—2006《M（4）、S（6）和 T（8）级焊接吊链》的规定。

链条传动系统要保证链条与链轮正确啮合并平稳运转。要装设可靠的导链和脱链装置，要防止链条松弛而脱开链轮。要保证链条的润滑。在受力状态下，严禁链条扭转和打结。链条的承载端与端件的连接要安全可靠。要使其能可靠地支持住 4 倍的链条极限工作载荷的静拉伸力，必要时还要校验其疲劳强度。链条空载端要被牢固地固定住，以防止链条过卷而脱开链轮。要使其在 2 倍的链条极限工作载荷的静拉伸力下不会被拉脱。

（2）起重用钢制圆环非校准链出现下列情况之一时，要报废：

1）裂纹。

2）严重的锈蚀或粘有不能除去的附着物。

3）明显的变形。

4）链环的环间磨损达原直径的 10%。

5）吊链的极限工作载荷的标牌和标签脱落，且所需信息未在主环上或通过其他方式标示。

（3）起重用钢制圆环校准链出现下列情况之一时，要报废：

1）裂纹。

2）严重的划痕和裂口。

3）明显的变形。

4）严重的腐蚀。

5）有不能除去的附着物。

6）卡尺测量的长度增量超过了链条制造厂的推荐值。在缺少链条制造厂的推荐值时，如果用卡尺在任意的5、7、9或11环测量的链环长度超过了未经使用的同样链环总的长度，要予更换，即电动的为2%，手动的为3%。

7）如果内环的磨损面粗糙，表明链条磨损严重，此时链条要立即报废。

第六节 卷　　筒

（1）钢丝绳在卷筒上要能按顺序整齐排列。只缠绕一层钢丝绳的卷筒，要作出绳槽。用于多层缠绕的卷筒，要采用适用的排绳装置或便于钢丝绳自动转层缠绕的凸缘导板结构等措施。

（2）多层缠绕的卷筒，要有防止钢丝绳从卷筒端部滑落的凸缘。当钢丝绳全部缠绕在卷筒后，凸缘要超出最外面一层钢丝绳，超出的高度不要小于钢丝绳直径的1.5倍（对塔式起重机是钢丝绳直径的2倍）。

（3）卷筒上钢丝绳尾端的固定装置，要安全可靠并有防松或自紧的性能。如果钢丝绳尾端用压板固定，固定强度不要低于钢丝绳最小破断拉力的80%，且至少要有两个相互分开的压板夹紧，并用螺栓将压板可靠固定。

（4）焊接卷筒体的环向对接焊缝和纵向对接焊缝经外观检查合格后要做无损检测。对环形对接焊缝进行50%检验，用射线检测时不要低于GB/T 3323—2019《焊缝无损检测　射线检测》缺陷分级中的Ⅱ级，用超声波检测时不要低于JB/T 10559—2018《起重机械无损检测　钢焊缝超声检测》缺陷分级中的1级。纵向对接焊缝进行20%检验，但至少要保证卷筒两端各160mm范围内做检验，用射线检测时不要低于GB/T 3323缺陷分级中的Ⅲ级，用超声波检测时不要低于JB/T 10559—2018缺陷分级中的3级。

（5）卷筒出现下述情况之一时，要报废：

1）影响性能的表面缺陷（如裂纹等）。

2）筒壁磨损达原壁厚的20%。

第七节　滑　轮

（1）滑轮要有防止钢丝绳脱出绳槽的装置或结构。在滑轮罩的侧板和圆弧顶板等处与滑轮本体的间隙不要超过钢丝绳公称直径的0.5。

（2）人手可触及的滑轮组，要设置滑轮罩壳。对可能摔落到地面的滑轮组，其滑轮罩壳要有足够的强度和刚性。

（3）滑轮出现下述情况之一时，要报废：

1）影响性能的表面缺陷（如裂纹等）。

2）轮槽不均匀磨损达 3mm。

3）轮槽壁厚磨损达原壁厚的 20%。

4）因磨损使轮槽底部直径减少量达钢丝绳直径的 50%。

第八节 制动器

（1）动力驱动的起重机，其起升、变幅、运行、回转机构都要装可靠的制动装置（液压缸驱动的除外）；当机构要求具有载荷支持作用时，要装设机械常闭式制动器。在运行、回转机构的传动装置中有自锁环节的特殊场合，如能确保不发生超过许用应力的运动或自锁失效，也可以不用制动器。

（2）对于动力驱动的起重机械，在产生大的电压降或在电气保护元件动作时，不允许导致各机构的动作失去控制。

（3）对于吊钩起重机，起吊物在下降制动时的制动距离（控制器在下降速度最低挡稳定运行，拉回零位后，从制动器断电至物品停止时的下滑距离）不要大于 1min 内稳定起升距离的 1/65。

（4）制动器要便于检查，常闭式制动器的制动弹簧要是压缩式的，制动器要可调整，制动衬片要能方便更换。

（5）宜选择对制动衬垫的磨损有自动补偿功能的制动器。

（6）操纵制动器的控制装置，如踏板、操纵手柄等，要有防滑性能。手施加于操纵控制装置操纵手柄的力不要超过 160N，脚施加于操纵控制装置脚踏板的力不要超过 300N。

（7）制动器的零件出现下述情况之一时，其零件要更换或制动器报废：

1）驱动装置。

a. 磁铁线圈或电动机绕组烧损。

b. 推动器推力达不到松闸要求或无推力。

2）制动弹簧。

a. 弹簧出现塑性变形且变形量达到了弹簧工作变形量的 10%以上。

b. 弹簧表面出现 20%以上的锈蚀或有裂纹等缺陷的明显损伤。

3）传动构件。

a. 构件出现影响性能的严重变形。

b. 主要摆动铰点出现严重磨损，并且磨损导致制动器驱动行程损失达原驱动行程20%以上时。

4）制动衬垫。

a. 铆接或组装式制动衬垫的磨损量达到衬垫原始厚度的50%。

b. 带钢背的卡装式制动衬垫的磨损量达到衬垫原始厚度的2/3。

c. 制动衬垫表面出现炭化或剥脱面积达到衬垫面积的30%。

d. 制动衬垫表面出现裂纹或严重的龟裂现象。

5）制动轮出现下述情况之一时，要报废：

a. 影响性能的表面裂纹等缺陷。

b. 起升、变幅机构的制动轮，制动面厚度磨损达原厚度的40%。

c. 其他机构的制动轮，制动面厚度磨损达原厚度的50%。

d. 轮面凹凸不平度达1.5mm时，如能修理，修复后制动面厚度要符合b)、c）的要求。

（8）在钢轨上工作的车轮出现下列情况之一时，要报废：

1）影响性能的表面裂纹等缺陷。

2）轮缘厚度磨损达原厚度的50%。

3）轮缘弯曲变形达原厚度的20%。

4）踏面厚度磨损达原厚度的15%。

5）当运行速度低于50m/min时，圆度达1mm；当运行速度高于50m/min时，圆度达0.1mm时。

（9）使用维护说明书中没有提供传动齿轮报废指标的，出现下列情况之一时，要报废：

1）轮齿塑性变形造成齿面的峰或谷比理论齿形高于或低于轮齿模数的20%。

2）轮齿折断大于等于齿宽的1/5，轮齿裂纹大于等于齿宽的1/8。

注：轮齿的裂纹未达到报废标准时，要设法除掉，制止发展。

3）齿面点蚀面积达轮齿工作面积的50%，或20%以上点蚀坑最大尺寸达0.2模数，或对于起升、非平衡变幅机构的20%的点蚀坑深度达0.1模数，或对于其他机构的20%的点蚀坑深度达0.15模数。

4）齿面胶合面积达工作齿面面积的20%及胶合沟痕的深度达0.1模数。

5）齿面剥落的判定准则与齿面点蚀的判定准则相同。

6）对于起升、非平衡变幅机构齿根两侧磨损量之和达 0.1 模数，对于其他机构齿根两侧磨损量之和达 0.15 模数。

第九节 液压系统

（1）液压系统要有防止过载和冲击的安全装置。采用溢流阀时，溢流阀的最高工作压力不得大于系统最大工作压力的 1.1 倍，同时不得大于液压泵的额定压力。

（2）为了故障诊断的需要，要在系统中适当位置设压力检测点并在回路图中注明。

（3）系统中要防止系统背压对制动器的意外控制和损坏零部件。

（4）液压系统要有符合液压元件对介质清洁度要求的过滤器或其他防止油污染的装置。

（5）液压系统中，要有防止被物品或臂架等部件作用，使液压电动机超速的措施或装置，如平衡阀。

（6）平衡阀与变幅液压油缸、伸缩臂液压油缸、顶升液压油缸和液压电动机的连接要是刚性连接。如果与平衡阀的连接管路过长，在靠近压力管路接头处要装设自动保护装置（防破裂阀）以避免出现任何意外的起升物品下降。

（7）液压系统的液压油要按照设备使用说明书的要求，根据环境条件选用；油箱的最高和最低油位要有明显的油位标志。液压系统工作时，液压油的最高温升不得影响安全性能。

（8）液压系统要在合适部位设置排气装置。

（9）液压系统中使用的蓄能器，要在其上或附近的明显处设置安全警示标志。要在标志或使用说明书中标明蓄能器的预定压力和充填介质的充气量。

（10）要采取有效措施防止液压系统在装配、安装、保养和维修过程中落入污物，污染度要符合使用说明书的规定。

（11）液压钢管连同它们的终端部件，爆破压力与工作压力的安全系数不要小于2.5。

（12）液压软管连同它们的终端部件，爆破压力与工作压力的安全系数不要小于4。

（13）液压油缸的端口和阀（如保护阀）之间的焊接或装配连接件，爆破压力与工作压力的安全系数不小于2.5。

（14）对于工作压力超过5MPa和/或温度超过

50℃，并位于起重机操作者1m之内液压软管，要加装防护安全措施。

（15）液压系统中的液压油要同品牌、同型号，不得混合使用。

第十节 电　　气

1. 运行条件

（1）基本规定。当实际环境或运行条件超出规定范围时要严格按照说明书的要求使用。

（2）电磁兼容性（EMC）。电气设备不要产生高于其预定使用场合相适应的电磁骚扰等级。此外，电气设备还要具有足够的抗电磁骚扰能力，使其在预期环境中能正常工作。

（3）环境温度。电气设备要能在预定环境温度中工作。对所有电气设备的一般要求在环境温度0～＋40℃范围内要能正常工作。对于高温环境（如热带地区、钢厂、造纸厂）和寒冷的环境，要按说明书使用。

（4）湿度。最高温度为＋40℃时，空气的相对湿度不超过50%，电气设备要能正常工作。在较低温度下可允许较高的相对湿度，例如＋20℃时为 90%。

若湿度偏高要采用适当的附加设施（如内装加热器、空调器、排水孔）来避免偶然性凝露的有害影响。

（5）海拔。电动机正常使用地点的海拔不超过 1000m，电器正常使用地点的海拔不超过 2000m。当超过正常规定的海拔高度时，要进行修正。

（6）防护。电气设备要有防止固体物和液体侵入的防护措施。

若电气设备安装处的实际环境中存在污染物（如灰尘、酸类物、腐蚀性气体、盐类物）时，要提高电气设备的适应性，保证设备在寿命周期的正常使用。

（7）防油滴。任何润滑系统、液压系统或其他含油装置在运行和安装时要保证不会使油滴到电气设备上，否则电气设备要加以保护。

（8）离子和非离子辐射。当电气设备受到辐射（如微波、紫外线、激光、射线）时，为避免设备误动作和预防绝缘老化，要采取防护措施。

（9）振动、冲击和碰撞。当电气设备在安装和使用过程中存在振动、冲击和碰撞影响时，要采取必要的减振措施保证设备正常使用。

（10）其他。用于爆炸和火灾危险环境时，电气设备的选择、管线配置敷设等，要符合 GB 50058—2014《爆炸危险环境电力装置设计规范》的规定。

2. 配电系统

（1）电源切断。起重机械要装设切断起重机械总电源的电源开关。

电源开关可以是隔离开关、与开关电器一起使用的隔离器、具有隔离功能的断路器。上述三种型式的电源开关要符合 GB/T 5226.32—2017《机械电气安全 机械电气设备 第 32 部分：起重机械技术条件》中的要求。

（2）总断路器。总电源回路要设置总断路器，总断路器的控制要具有电磁脱扣功能，其额定电流要大于起重机额定工作电流，电磁脱扣电流整定值要大于起重机最大工作电流。总断路器的断弧能力要能断开在起重机上发生的短路电流。

（3）动力电源接触器。动力电源回路宜设能够分断动力线路的接触器。

（4）紧急停止开关。每台起重机械要备有一个或多个可从操作控制站操作的紧急停止开关，当有紧急情况时，要能够停止所有运动的驱动机构。紧急停止开关动作时不要切断可能造成物品坠落的动力回路

（如电磁盘、气动吸持装置）。紧急停止开关要为红色，并且不能自动复位。

需要时，紧急停止开关还可另外设置在其他部位。

对于那些可造成附带危险的起重机械驱动机构，不需要停止所有运动驱动机构，例如，对于门式起重机，利用其靠近地面所设置的紧急停止开关，在地面上操作停止起重机大车运行即可。

第十一节　控制与操作系统

（1）对于采用多个操作控制站控制一台起重机械的同一机构（如司机室操纵和地面操纵），要具有互锁功能，在任何给定时间内只允许一个操作控制站工作。要装有显示操作控制站工作状态的装置。每个操作控制站均要设置紧急停止开关。

（2）采用无线遥控的起重机械，起重机械上要设有明显的遥控工作指示灯。

（3）采用无线控制系统（如无线电、红外线）要符合下列要求：

1）要采取措施（如钥匙操作开关、访问码）防止擅自使用操作控制站。

2）每个操作控制站要带有一个预定由其控制的一

台或数台起重机械的明确标记。

3）操作控制站要设置一个启动起重机械上的紧急停止功能的紧急停止开关无线控制系统，对停止信号的响应时间要不超过 550ms。

4）当检测不到高频载波或收不到数据信号时，要实现被动急停功能，要在 1.5s 之内切断通道电源。当通道的突发噪声干扰超过 1 s 或在 1 s 检测不到正确的地址码等，要切断通道电源。

第十二节　电 气 保 护

1. 电动机的保护

电动机要具有如下一种或一种以上的保护功能，具体选用要按电动机及其控制方式确定：

（1）瞬动或反时限动作的过电流保护，其瞬时动作电流整定值要约为电动机最大启动电流的 1.25 倍。

（2）在电动机内设置热传感元件。

（3）热过载保护。

2. 线路保护

所有线路都要具有短路或接地引起的过电流保护功能，在线路发生短路或接地时，瞬时保护装置要能分断线路。对于导线截面较小，外部线路较长的控制线路或辅助线路，当预计接地电流达不到瞬时脱扣电流值时，要增设热脱扣功能，以保证导线不会因接地而引起绝缘烧损。

3. 错相和缺相保护

当错相和缺相会引起危险时，要设错相和缺相保护。

4. 零位保护

起重机各传动机构要设有零位保护。运行中若因故障或失压停止运行后，重新恢复供电时，机构不得自行动作，要人为将控制器置回零位后，机构才能重新启动。

5. 失压保护

当起重机供电电源中断后，凡涉及安全或不宜自动开启的用电设备均要处于断电状态，避免恢复供电后用电设备自动运行。

6. 电动机定子异常失电保护

起升机构电动机要设置定子异常失电保护功能，当调速装置或正反向接触器故障导致电动机失控时，制动器要立即上闸。

7. 超速保护

对于重要的、负载超速会引起危险的起升机构和非平衡式变幅机构要设置超速开关。超速开关的整定值取决于控制系统性能和额定下降速度，通常为额定速度的 1.25～1.4 倍。

8. 接地与防雷

(1) 交流供电起重机电源要采用三相（3φ＋PE）供电方式，接地故障保护要符合 GB 50054—2011《低压配电设计规范》的有关规定。

(2) 起重机械本体的金属结构要与供电线路的保护导线可靠连接。起重机械的钢轨可连接到保护接地电路上。但是，它们不能取代从电源到起重机械的保护导线（如电缆、集电导线或滑触线）。司机室与起重机本体接地点之间要用双保护导线连接。

(3) 起重机械所有电气设备外壳、金属导线管、金属支架及金属线槽均要根据配电网情况进行可靠接地（保护接地或保护接零）。

(4) 严禁用起重机械金属结构和接地线作为载流零线（电气系统电压为安全电压除外）。

（5）在每个引入电源点，外部保护导线端子要使用字母 PE 来标明。其他位置的保护导线端子要使用图示符号⏚或用字母 PE，或用黄/绿双色组合标记。

（6）保护导线只用颜色标识时，要在导线全长上使用黄/绿双色组合。如果保护导线能容易地按其形状、位置或结构（如编织导线）识别，或者绝缘导线难以购到，则不必在导线全长上使用颜色代码。但要在端头或易接近部位上清楚的标明图示符号⏚或黄/绿双色组合标记。

（7）对于安装在野外且相对周围地面处在较高位置的起重机，要考虑避除雷击对其高位部件和人员造成损坏和伤害，特别是如下情况：

1）易遭雷击的结构件（如臂架的支承缆索）；

2）连接大部件之间的滚动轴承和车轮（如支承回转大轴承、运行车轮轴承）；

3）为保证人身安全起重机运行轨道要可靠接地。

（8）对于保护接零系统，起重机械的重复接地或防雷接地的接地电阻不大于 10Ω。对于保护接地系统的接地电阻不大于 4Ω。

（9）绝缘电阻。

1）对于电网电压不大于 1000V 时，在电路与裸露导电部件之间施加 500V（DC）时测得的绝缘电阻不要小于 1MΩ。

2）对于不能承受所规定的测试电压的元件（如半导体元件、电容器等），试验时要将其短接。试验后，被试电器进行外观检查，要无影响继续使用的变化。

（10）照明与信号。

1）每台起重机的照明回路的进线侧要从起重机械电源侧单独供电，当切断第十节“配电系统”所述起重机械总电源开关时，工作照明不要断电。各种工作照明均要设短路保护。

2）当室外起重机总高度大于 30m 时，且周围无高于起重机械顶尖的建筑物和其他设施，两台起重机械之间有可能相碰，或起重机械及其结构妨碍空运或水运，要在其端部装设红色障碍灯。灯的电源不要受起重机停机影响而断电。

3）起重机要有指示总电源分合状况的信号，必要时还要设置故障信号或报警信号。信号指示要设置在司机或有关人员视力、听力可及的地点。

第十三节　安全防护装置

1. 基本规定

安全防护装置是防止起重机械事故的必要措施。

包括限制运动行程和工作位置的装置、防起重机超载的装置、防起重机倾翻和滑移的装置、联锁保护装置等。本节列出了典型起重机械安全防护装置，起重机械安全装置的设置要求及其他类型起重机械的安全防护装置见 GB 6067《起重机械安全规程》。

2. 限制运动行程与工作位置的安全装置

（1）起升高度限位器。

1）起升机构均要装设起升高度限位器。用内燃机驱动，中间无电气、液压、气压等传动环节而直接进行机械连接的起升机构，可以配备灯光或声响报警装置，以替代限位开关。

2）当取物装置上升到设计规定的上极限位置时，要能立即切断起升动力源。在此极限位置的上方，还要留有足够的空余高度，以适应上升制动行程的要求。在特殊情况下，还要装设防止越程冲顶的第二级起升高度限位器，第二级起升高度限位器要分断更高一级的动力源。

3）需要时，还要设下降深度限位器；当取物装置下降到设计规定的下极限位置时，要能立即切断下降动力源。

4）上述运动方向的电源切断后，仍可进行相反方向运动（第二级起升高度限位器除外）。

（2）运行行程限位器。

1）起重机和起重小车（悬挂型电动葫芦运行小车除外），要在每个运行方向装设运行行程限位器，在达到设计规定的极限位置时自动切断前进方向的动力源。在运行速度大于100m/min，或停车定位要求较严的情况下，宜根据需要装设两级运行行程限位器，第一级发出减速信号并按规定要求减速，第二级要能自动断电并停车。

2）如果在正常作业时起重机和起重小车经常到达运行的极限位置，司机室的最大减速度不要超过 $2.5m/s^2$。

（3）幅度限位器。

1）对动力驱动的动臂变幅的起重机（液压变幅除外），要在臂架俯仰行程的极限位置处设臂架低位置和高位置的幅度限位器。

2）对采用移动小车变幅的塔式起重机，要装设幅度限位装置以防止可移动的起重小车快速达到其最大幅度或最小幅度处。最大变幅速度超过40m/min的起重机，在小车向外运行且当起重力矩达到额定值的80%时，要自动转换为低于40m/min的低速运行。

（4）幅度指示器。具有变幅机构的起重机械，要装设幅度指示器（或臂架仰角指示器）。

（5）防止臂架向后倾翻的装置。具有臂架俯仰变幅机构（液压油缸变幅除外）的起重机，要装设防止臂架后倾装置（例如一个带缓冲的机械式的止挡杆），以保证当变幅机构的行程开关失灵时，能阻止臂架向后倾翻。

（6）回转限位。需要限制回转范围时，回转机构要装设回转角度限位器。

（7）回转锁定装置。需要时，流动式起重机及其他回转起重机的回转部分要装设回转锁定装置。

（8）支腿回缩锁定装置。工作时利用垂直支腿支承作业的流动式起重机械，垂直支腿伸出定位要由液压系统实现；且要装设支腿回缩锁定装置，使支腿在缩回后，能可靠地锁定。

（9）防碰撞装置。当两台或两台以上的起重机械或起重小车运行在同一轨道上时，要装设防碰撞装置。在发生碰撞的任何情况下，司机室内的减速度不要超过 $5m/s^2$。

（10）缓冲器及端部止挡。

1）在轨道上运行的起重机的运行机构、起重小车的运行机构及起重机的变幅机构等均要装设缓冲器或缓冲装置。缓冲器或缓冲装置可以安装在起重机上或轨道端部止挡装置上。

2）轨道端部止挡装置要牢固可靠，防止起重机脱轨。

3）有螺杆和齿条等的变幅驱动机构，还要在变幅齿条和变幅螺杆的末端装设端部止挡防脱装置，以防止臂架在低位置发生坠落。

4）距轨道终端 1m 处要设置缓冲止挡器，其高度不要小于行走轮的半径。在轨道上要安装限位开关碰块，安装位置要保证门式起重机在与缓冲止挡器大于 1m 处能完全停住，此时电缆要有足够的富余长度。

（11）偏斜指示器或限制器。跨度大于 40m 的门式起重机和装卸桥要装设偏斜指示器或限制器。当两侧支腿运行不同步而发生偏斜时，能向司机指示出偏斜情况，在达到设计规定值时，还要使运行偏斜得到调整和纠正。

（12）水平仪。利用支腿支承或履带支承进行作业的起重机，要装设水平仪，用来检查起重机底座的倾斜程度。

3. 防超载的安全装置

（1）起重量限制器。

1）对于动力驱动的 1t 及以上无倾覆危险的起重

机械要装设起重量限制器。对于有倾覆危险的且在一定的幅度变化范围内额定起重量不变化的起重机械也要装设起重量限制器。

2）需要时，当实际起重量超过95％额定起重量时，起重量限制器宜发出报警信号（机械式除外）。

3）当实际起重量在100％～110％的额定起重量之间时，起重量限制器起作用，此时要自动切断起升动力源，但要允许机构作下降运动。

4）内燃机驱动的起升和/或非平衡变幅机构，如果中间没有电气、液压或气压等传动环节而直接与机械连接，该起重机械可以配备灯光或声响报警装置来替代起重量限制器。

（2）起重力矩限制器。

1）额定起重量随工作幅度变化的起重机，要装设起重力矩限制器。当实际起重量超过实际幅度所对应的起重量的额定值的95％时，起重力矩限制器宜发出报警信号。

2）当实际起重量大于实际幅度所对应的额定值但小于110％的额定值时，起重力矩限制器起作用，此时要自动切断不安全方向（上升、幅度增大、臂架外伸或这些动作的组合）的动力源，但要允许机构作安全方向的运动。

3）内燃机驱动的起升和/或平衡变幅机构，如果中间没有电气、液压或气压等传动环节而直接与机械连接，该起重机械可以配备灯光或声响报警装置来替代起重力矩限制器。

（3）极限力矩限制装置。对有自锁作用的回转机构，要设极限力矩限制装置。保证当回转运动受到阻碍时，能由此力矩限制器发生的滑动而起到对超载的保护作用。

4. 抗风防滑和防倾翻装置

（1）抗风防滑装置。

1）室外工作的轨道式起重机要装设可靠的抗风防滑装置，并要满足规定的工作状态和非工作状态抗风防滑要求。

2）工作状态下的抗风制动装置可采用制动器、轮边制动器、夹轨器、顶轨器、压轨器、别轨器等，其制动与释放动作要考虑与运行机构联锁并要能从控制室内自动进行操作。

3）起重机只装设抗风制动装置而无锚定装置的，抗风制动装置要能承受起重机非工作状态下的风载荷；当工作状态下的抗风制动装置不能满足非工作状态下的抗风防滑要求时，还要装设牵缆式、插销式或其他形式的锚定装置。起重机有锚定装置时，锚定装置要能独立承受起重机非工作状态下的风载荷。

4）非工作状态下的抗风防滑设计，如果只采用制动器、轮边制动器、夹轨器、顶轨器、压轨器、别轨器等抗风制动装置，其制动与释放动作也要考虑与运行机构联锁，并要能从控制室内自动进行操作（手动控制防风装置除外）。

5）锚定装置要确保在下列情况下起重机及其相关部件的安全可靠：

a. 起重机进入非工作状态并且锚定时。

b. 起重机处于工作状态，起重机进行正常作业并实施锚定时。

c. 起重机处于工作状态且在正常作业，突然遭遇超过工作状态极限风速的风载而实施锚定时。

（2）防倾翻安全钩。起重吊钩装在主梁一侧的单主梁起重机、有抗震要求的起重机及其他有类似防止起重小车发生倾翻要求的起重机，要装设防倾翻安全钩。

5. 联锁保护

（1）进入桥式起重机和门式起重机的门，和从司机室登上桥架的舱口门，要能联锁保护；当门打开时，要断开由于机构动作可能会对人员造成危险的机构的电源。

（2）司机室与进入通道有相对运动时，进入司机室的通道口，要设联锁保护；当通道口的门打开时，要断开由于机构动作可能会对人员造成危险的机构的电源。

（3）可在两处或多处操作的起重机，要有联锁保护，以保证只能在一处操作，防止两处或多处同时都能操作。

（4）当既可以电动，也可以手动驱动时，相互间的操作转换要能联锁。

（5）夹轨器等制动装置和锚定装置要能与运行机构联锁。

（6）对小车在可俯仰的悬臂上运行的起重机，悬臂俯仰机构与小车运行机构要能联锁，使俯仰悬臂放平后小车方能运行。

6. 其他安全防护装置

（1）风速仪及风速报警器。

1）对于室外作业的高大起重机要安装风速仪，风速仪要安置在起重机上部迎风处。

2）对室外作业的高大起重机要装有显示瞬时风速的风速报警器，且当风力大于工作状态的计算风速设定值时，要能发出报警信号。

（2）轨道清扫器。当物料有可能积存在轨道上成为运行的障碍时，在轨道上行驶的起重机和起重小车，在台车架（或端梁）下面和小车架下面要装设轨道清扫器，其扫轨板底面与轨道顶面之间的间隙一般为 10～15mm。

（3）防小车坠落保护。塔式起重机的变幅小车及其他起重机要求防坠落的小车，要设置使小车运行时不脱轨的装置，即使轮轴断裂，小车也不能坠落。

（4）检修吊笼或平台。需要经常在高空进行起重机械自身检修作业的起重机，要装设安全可靠的检修吊笼或平台。

（5）导电滑触线的安全防护。

1）桥式起重机司机室位于大车滑触线一侧，在有触电危险的区段，通向起重机的梯子和走台与滑触线间要设置防护板进行隔离。

2）桥式起重机大车滑触线侧要设置防护装置，以防止小车在端部极限位置时因吊具或钢丝绳摇摆与滑触线意外接触。

3）多层布置桥式起重机时，下层起重机要采用电缆或安全滑触线供电。

4）其他使用滑触线的起重机械，对易发生触电的部位要设防护装置。

(6) 报警装置。必要时，在起重机上要设置蜂鸣器、闪光灯等作业报警装置。流动式起重机倒退运行时，要发出清晰的报警音响并伴有灯光闪烁信号。

(7) 防护罩。

1）在正常工作或维修时，为防止异物进入或防止其运行对人员可能造成危险的零部件，要设有保护装置。起重机上外露的、有可能伤人的运动零部件，如开式齿轮、联轴器、传动轴、链轮、链条、传动带、皮带轮等，均要装设防护罩/栏。

2）在露天工作的起重机上的电气设备要采取防雨措施。

第三章

起重吊装作业

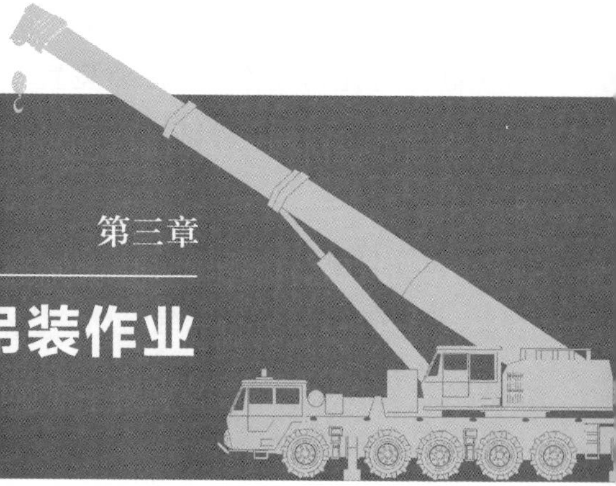

本节重点从现场吊装管理及吊装技术方面，对起重吊装作业过程中的一些基本要求、吊装方案的编制和审批、起重机械的选用、吊索具的选择及多台起重机的联合起升等方面进行了说明。

第一节　一般规定

（1）起重吊装作业必须编制吊装作业施工组织设计或专项规划，并要充分考虑施工现场的环境、道路、架空电线等情况。作业前要进行技术交底。作业中，未经技术负责人批准，不得随意更改。

（2）参加起重吊装的人员要经过严格培训，取得培训合格证后，方可上岗。

（3）作业前，要检查起重吊装所使用的起重机滑轮、吊索、卡环和地锚等，要确保其完好，符合安全要求。

（4）起重作业人员必须穿防滑鞋、戴安全帽，高处作业要佩挂安全带，并要系挂可靠和严格遵守高挂低用。

（5）吊装作业区四周要设置明显标志，严禁非操作人员入内。夜间施工必须有足够的照明。

（6）起重设备通行的道路要平整坚实。

（7）登高梯子的上端要予以固定，高空用的吊篮和临时工作台要绑扎牢靠。吊篮和工作台的脚手架板要铺平绑牢，严禁出现探头板。吊移操作平台时，平台上面严禁站人。

（8）绑扎所用的吊索、卡环、绳扣等的规格要按计算确定。

（9）起吊前，要对起重机钢丝绳及连接部位和索具设备进行检查。

（10）高空吊装屋架、梁和斜吊法吊装柱时，要于构件两端绑扎溜绳，由操作人员控制构件的平衡和稳定。

（11）构件吊装和翻身扶直时的吊点必须符合设计规定。异型构件或无设计规定时，要经计算确定，并保证使构件起吊平稳。

（12）安装所使用的螺栓、钢楔（或木楔）、钢垫板、垫木和电焊条等的材质要符合设计要求的材质标准及国家现行标准的有关规定。

（13）吊装大、重、新结构构件和采用新的吊装工艺时，要先进行试吊，确认无问题后，方可正式起吊。

（14）大雨天、雾天、大雪天及六级以上大风天等恶劣天气要停止吊装作业。事后要及时清理冰雪并要采取防滑和防漏电措施。雨雪过后作业前，要先试吊，确认制动器灵敏可靠后方可进行作业。

（15）吊起的构件要确保在起重机吊杆顶的正下方，严禁采用斜拉、斜吊，严禁起吊埋于地下或黏结在地面上的构件。

（16）起重机靠近架空输电线路作业或在架空输电线路下行走时，必须与架空输电线始终保持不小于JGJ 46—2005《施工现场临时用电安全技术规范》规定的安全距离。当需要在小于规定的安全距离范围内进行作业时，必须采取严格的安全保护措施，并要经供电部门审查批准。

（17）采用双机抬吊时，宜选用同类型或性能相近的起重机，负载分配要合理，单机载荷不得超过额定起重量的80%。两机要协调起吊和就位，起吊的速度要平稳缓慢。

（18）严禁超载吊装和起吊重量不明的重大构件和设备。

（19）起吊过程中，在起重机行走、回转、俯仰吊臂、起落吊钩等动作前，起重司机要鸣声示意。一次只宜进行一个动作，待前一动作结束后，再进行下一动作。

（20）开始起吊时，要先将构件吊离地面200～300mm后停止起吊，并检查起重机的稳定性、制动装置的可靠性、构件的平衡性和绑扎的牢固性等，待确认无误后，方可继续起吊。已吊起的构件不得长久停滞在空中。

（21）严禁在吊起的构件上行走或站立，不得用起重机载运人员，不得在构件上堆放或悬挂零星物件。

（22）起吊时不得忽快忽慢和突然制动。回转时动作要平稳，当回转未停稳前不得做反向动作。

（23）严禁在已吊起的构件下面或起重臂下旋转范围内作业或行走。

（24）因故（天气、下班、停电等）对吊装中未形成空间稳定体系的部分，要采取有效的加固措施。

（25）高处作业所使用的工具和零配件等，必须放在工具袋（盒）内，严防掉落，并严禁上下抛掷。

（26）吊装中的焊接作业要选择合理的焊接工艺，避免发生过大的变形，冬季焊接要有焊前预热（包括焊条预热）措施，焊接时要有防风防水措施，焊后要有保温措施。

（27）已安装好的结构构件，未经有关设计和技术部门批准不得用作受力支承点和在构件上随意凿洞开孔。不得在其上堆放超过设计荷载的施工荷载。

（28）永久固定的连接，要经过严格检查，并确保无误后，方可拆除临时固定工具。

（29）高处安装中的电、气焊作业，要严格采取安全防火措施，在作业处下面周围 10m 范围内不得有人。

（30）对起吊物进行移动、吊升、停止、安装时的全过程要用旗语或通用手势信号进行指挥，信号不明不得起动，上下相互协调联系要采用对讲机。

第二节 方案管理

（1）专项施工方案的编制与审批。

1）施工单位应当在危险性较大的分部分项工程（以下简称危大工程）施工前组织工程技术人员编制专项施工方案。

2）实行施工总承包的，专项施工方案应当由施工总承包单位组织编制。危大工程实行分包的，专项施工方案可以由相关专业分包单位组织编制。

3）专项施工方案应当由施工单位技术负责人审核签字、加盖单位公章，并由总监理工程师审查签字、加盖执业印章后方可实施。

危大工程实行分包并由分包单位编制专项施工方案的，专项施工方案应当由总承包单位技术负责人及分包单位技术负责人共同审核签字并加盖单位公章。

实行施工总承包的，由施工总承包单位组织召开专家论证会。专家论证前专项施工方案应当通过施工单位审核和总监理工程师审查。

4）属于国家市场监督管理总局监管的起重机械，且施工作业属于超过一定规模的危大工程，对于具备电力工程施工总承包一级及以上资质的施工单位，可自行组织内部专家论证。内部专家是中国电力建设专家委员会专家或设区的市级以上地方人民政府住房城乡建设主管部门建立的专家库专家，或具备以下基本条件：

a. 诚实守信、作风正派、学术严谨。

b. 从事相关专业工作 15 年以上或具有丰富的专业经验。

c. 具有高级专业技术职称。

5）属于房屋建筑工地和市政工地的起重机械，施工作业属于超过一定规模的危大工程，施工单位应当按照住房和城乡建设部令第 37 号《危险性较大的分部分项工程安全管理规定》组织召开专家论证会对专项施工方案进行论证。

6）专家论证会后，应当形成论证报告，对专项施工方案提出通过、修改后通过或者不通过的一致意见。专家对论证报告负责并签字确认。

7）专项施工方案经论证需修改后通过的，施工单位应当根据论证报告修改完善后，重新履行 3）的程序。

8）专项施工方案经论证不通过的，施工单位修改后应当按照本规定的要求重新组织专家论证。

（2）专项施工方案编制人员及其审批人员的职责如表 3-1 的规定。

表 3-1　专项施工方案编制人员及其审批人员职责

岗位	职责
编制	（1）提出专项施工方案报审稿； （2）技术交底； （3）方案实施技术指导； （4）提出专项施工方案的修改意见； （5）技术经济分析
审核	（1）工艺合理性； （2）计算正确性； （3）机具选择及布置合理性； （4）特殊安全技术措施可靠性； （5）技术经济分析
批准	（1）工艺合理性； （2）进度计划、交叉作业计划； （3）劳动组织； （4）安全质量技术措施； （5）结论性意见

第三节　起重机械的选择

起重机的选择宜符合下列规定：

（1）起重机的型号要根据吊物情况及其安装施工要求确定。

（2）起重机的主要性能参数要符合下列规定：

1）起重机的起重量 Q 必须大于吊物（构件、设备）的重量 Q_1 与索具的重量 Q_2 之和。即

$$Q_1 + Q_2 \leqslant Q \tag{3-1}$$

2）起重机的起升高度 H 要符合下式规定（见图 3-1）

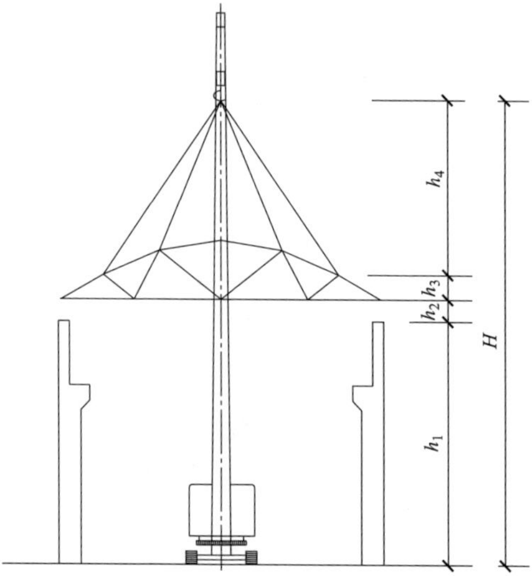

图 3-1　起重高度计算

$$h_1 + h_2 + h_3 + h_4 \leqslant H \tag{3-2}$$

式中 H——起重机的起升高度，m；

h_1——从停机面算起至安装支座表面的高度，m；

h_2——安装间隙，m，不小于 0.2m；

h_3——构件吊起后底面至绑扎点的距离，m；

h_4——索具高度，m，自绑扎点至吊钩中心距离。

3）当起重机臂杆需跨越已安装好的构件（如天窗架、屋架）吊物时，起重机臂杆的最小长度要按下式确定（见图 3－2）。

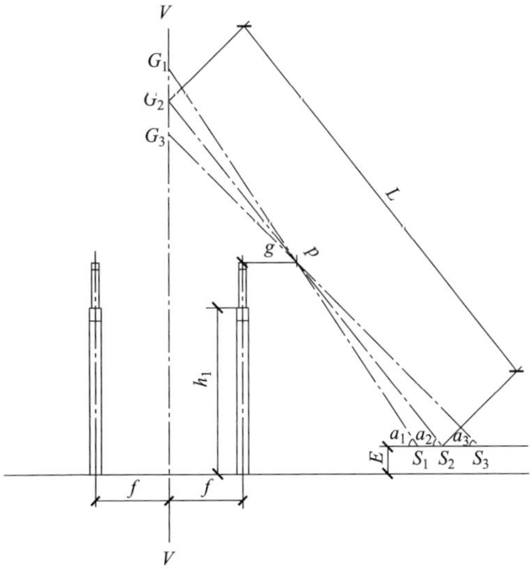

图 3－2 最小杆长计算

$$L\frac{h}{\sin\alpha}+\frac{f+g}{\cos\alpha} \tag{3-3}$$

$$\alpha=\arctan\sqrt{\frac{h}{f+g}} \tag{3-4}$$

$$h=h_1-h_2 \tag{3-5}$$

式中 L——臂杆的最小长度（其中，G_1S_1、G_2S_2、G_3S_3 分别为起重机不同工况下臂杆的最小长度），m；

f——吊钩跨过已安装构件的距离，m；

g——臂杆轴线与已安装好构件的水平距离，m，至少取 1m；

α——臂杆仰角；

h——臂杆底铰至构件吊装支座（即图中屋架上弦顶面）的高度，m；

h_1——停机面至构件安装支座的高度，m；

h_2——杆底铰至停机面的距离，m，可由起重机外形尺寸表查取。

4）根据式（3－4）、式（3－5）求得α值，代入式（3－3）求得起重机最小杆长，并根据计算结果，按实际选用的L 及α 值代入式（3－6），计算出起重半径r

$$r=L_0+L\cos\alpha \tag{3-6}$$

式中 L_0——吊杆底铰至起重机旋转轴中心的距离，m，可由起重机外形尺寸表查取。

第四节 吊索具的选择

1. 绳索

(1) 吊装作业中使用的白棕绳要符合下列规定:

1) 必须由剑麻的茎纤维搓成，并不得涂油。其规格和破断拉力要符合产品说明书的规定。

2) 只可用作起吊轻型构件（如钢支撑）、受力不大的缆风绳和溜绳。

3) 穿绕滑轮的直径根据人力或机械动力等驱动形式的不同，要大于白棕绳直径的 10 倍或 30 倍。麻绳有结时，不得穿过滑车狭小之处。长期在滑车使用的白棕绳，要定期改变穿绳方向，以使绳的磨损均匀。

4) 整卷白棕绳要根据需要长度切断绳头，切断前必须用铁丝或麻绳将切断口扎紧，严防绳头松散。

5) 使用中发生的扭结要立即抖直。如有局部损伤，要切去损伤部分。

6) 当绳不够长时，必须采用编接接长。

7) 捆绑有棱角的物件时，必须垫以木板或麻袋等物。

8) 使用中不得在粗糙的构件上或地下拖拉，并要严防砂、石屑嵌入，磨伤白棕绳。

9）编接绳头绳套时，编接前每股头上要用绳扎紧，编接后相互搭接长度：绳套不得小于白棕绳直径的15倍，绳头不得小于30倍。

10）白棕绳在使用时不得超过其容许拉力，容许拉力要按下式计算

$$[F_z]=\frac{F_z}{K} \tag{3-7}$$

式中 $[F_z]$——白棕绳的容许拉力，kN；

F_z——白棕绳的破断拉力（按厂家说明书），kN；

K——白棕绳的安全系数，按表3-2采用。

表3-2　白棕绳的安全系数

用　　途	新、旧绳安全系数
一般小型构件（过梁、空心板及5kN重以下等构件）	新绳，≥3
	旧绳，≥6
5～10kN重吊装作业	新绳，10
作捆绑吊索	新绳，≥6
	旧绳，≥12
作缆风绳	新绳，≥6

11）白棕绳的堆放和保管要符合下列规定：

a. 原封整卷白棕绳要放置在支垫不小于100mm高的木板上。直径20mm以下的白棕绳重叠堆放不得超过4卷，直径22～38mm的不得超过3卷，直径41～

63mm 的不得超过 2 卷。

b. 粘有灰尘或污物时，可在水中洗净后晾干，并要较松地盘好挂在木架上。

c. 存放白棕绳的库房要干燥、通风、不得使麻绳受潮或霉烂。

d. 堆放时严禁与油漆、酸、碱以及有腐蚀性的化学药品接触。

（2）吊装作业中钢丝绳的使用、检验和报废等要符合 GB 8918—2006《重要用途钢丝绳》、GB/T 20118—2017《钢丝绳通用技术条件》和 GB/T 5972—2016《起重机　钢丝绳　保养、维护、检验和报废》中的相关规定。

2. 吊索

吊索及其附件要符合下列规定：

（1）钢丝绳吊索。

1）吊索可采用 6×19，但宜用 6×37 型钢丝绳制作成环式或 8 股头式（见图 3－3），其长度和直径要根据吊物的几何尺寸、重量和所用的吊装工具、吊装方法予以确定。使用时可采用单根、双根、四根或多根悬吊形式。

2）吊索的绳环或两端的绳套要采用编插接头，编

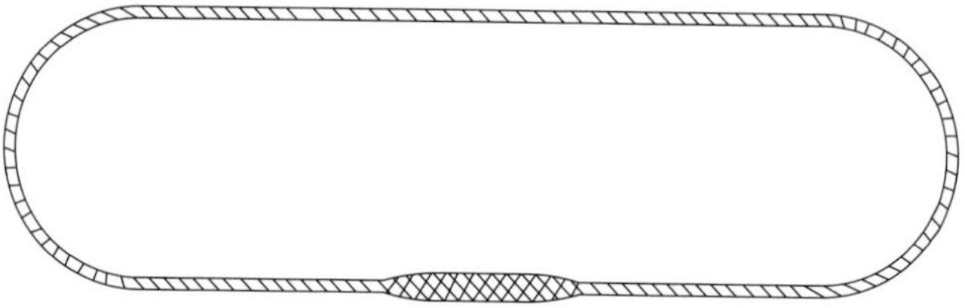
(a)

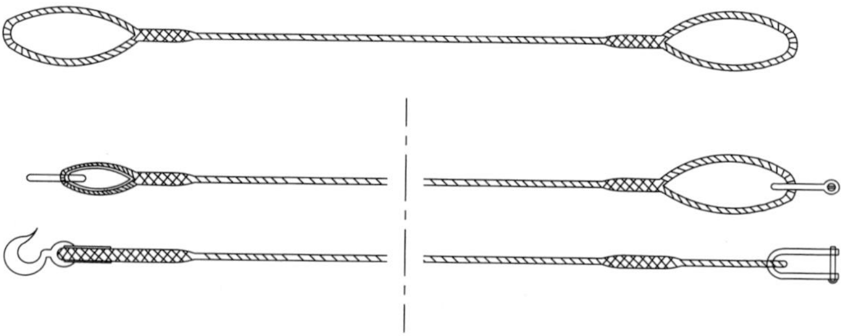
(b)

图 3-3 吊索
(a) 环状吊索；(b) 8 股头吊索

插接头的长度不要小于钢丝绳直径的 20 倍。8 股头吊索两端的绳套可根据工作需要装上桃形环、卡环或吊钩等吊索附件。

3）吊索的安全系数：当利用吊索上的吊钩、卡环钩挂重物上的起重吊环时，不要小于 6；当用吊索直接捆绑重物，且吊索与重物棱角间采取了妥善的保护措施时，要取 6～8；当吊重、大或精密的重物时，除要采取妥善保护措施外，安全系数要取 10。

4）吊索与所吊构件间的水平夹角要为 45°～60°。

（2）吊索附件。

1）使用梨形环时，钢丝绳强度降低率见表3－3。

表3－3 使用梨形环时的钢丝绳强度降低率表

钢丝绳直径（mm）	绕过梨形环后强度降低率（%）
10～16	5
19～28	15
32～38	20
42～50	25

2）吊钩要有制造厂的合格证明书，表面要光滑，不得有裂纹、刻痕、剥裂、锐角等现象存在，否则严禁使用。吊钩要每年检查一次，不合格者要停止使用。

3）活动卡环在绑扎时，起吊后销子的尾部要朝下，使吊索在受力后压紧销子，其容许荷载要按出厂说明书采用。

3. 滑轮和滑轮组

滑轮和滑轮组的使用要符合下列规定：

（1）使用前，要检查滑轮的轮槽、轮轴、夹板、吊钩等各部件有无裂缝和损伤，滑轮转动是否灵活，润滑是否良好。

（2）滑轮要按其标定的允许荷载值使用（见表3－4）。对起重量不明的滑轮，要先进行估算，并经负载试验合格后，方可使用。

表 3-4　　滑轮容许荷载

滑轮直径（mm）	容许荷载（kN）								钢丝绳直径（mm）	
	单门	适用	适用	四门	五门	六门	七门	八门	适用	最大
70	5	10	—	—	—	—	—	—	5.7	7.7
85	10	20	30	—	—	—	—	—	7.7	11
115	20	30	50	80	—	—	—	—	11	14
135	30	50	80	100	—	—	—	—	12.5	15.5
165	50	80	100	160	200	—	—	—	15.5	18.5
185	—	100	160	200	—	320	—	—	17	20
210	80	—	200	—	320	—	—	—	20	23.5
245	100	160	—	320	—	500	—	—	23.5	25
280	—	200	—	—	500	—	800	—	26.5	28
320	160	—	—	500	—	800	—	1000	30.5	32.5
360	200	—	—	—	800	1000	—	1400	32.5	35

（3）滑轮组绳索宜采用顺穿法，但“三三”以上滑轮组要采用花穿法。滑轮组穿绕后，要开动卷扬机或驱动绞磨慢慢将钢丝绳收紧和试吊，检查有无卡绳、磨绳的地方，绳间摩擦及其他部分是否运转良好，如有问题，要立即修正。

（4）滑轮的吊钩或吊环要与所起吊构件的重心在同一垂直线上。如因溜绳歪拉构件，而使滑轮组歪斜，要在计算和选用滑轮组前予以考虑。

（5）滑轮使用前后都要刷洗干净，并擦油保养，轮轴要经常加油润滑，严防锈蚀和磨损。

(6) 对重要的吊装作业、较高处作业或在起重作业量较大时，不宜用钩型滑轮，要使用吊环、链环或吊梁型滑轮。

(7) 滑轮组的上下定、动滑轮之间要保持1.5m的最小距离。

(8) 暂不使用的滑轮，要存放在干燥少尘的库房内，下面垫以木板，并要每三个月检查保养一次。

(9) 滑轮和滑轮组的跑头拉力、牵引行程和速度要按下列规定计算：

1) 滑轮组的跑头拉力，要按下式计算

$$F = \alpha Q \tag{3-8}$$

$$\alpha = \frac{\xi^{m+n-1}(\xi - 1)}{\xi^{m-1}} \tag{3-9}$$

式中 F——跑头拉力，N。

α——滑轮组的省力系数，可按表3-5选用。

Q——计算荷载，N，等于吊重乘以动力系数1.5。

m——滑轮组工作绳数。

n——导向滑轮个数。当跑头由定滑轮引出时，n为实际导向滑轮组数加1；当跑头由动滑轮引出时，n为实际导向滑轮组数。

ξ——单个滑轮的阻力系数，滚珠轴承取1.02，有钢衬套取 1.04，无衬套轴承取 1.06。

当 $\xi=1.04$ 时，α 值可按表 3-5 选用。

2）滑轮跑头牵引行程和速度要按下式计算

$$u=mh \tag{3-10}$$

$$v=mv_1 \tag{3-11}$$

式中 u——跑头牵引行程，m；

m——滑轮组工作绳数；

h——吊件的上升行程，m；

v——跑头的牵引速度，m/s；

v_1——吊件的上升速度，m/s。

表 3-5　　省力系数 α

工作绳索数	滑轮个数（定动滑轮之和）	导向滑车数						
		0	1	2	3	4	5	6
1	0	1.000	1.040	1.082	1.125	1.170	1.217	1.265
2	1	0.507	0.527	0.549	0.571	0.594	0.617	0.642
3	2	0.346	0.360	0.375	0.390	0.405	0.421	0.438
4	3	0.265	0.276	0.287	0.298	0.310	0.323	0.335
5	4	0.215	0.225	0.234	0.243	0.253	0.263	0.274
6	5	0.187	0.191	0.199	0.207	0.215	0.224	0.330
7	6	0.160	0.165	0.173	0.180	0.187	0.195	0.203
8	7	0.143	0.149	0.155	0.161	0.167	0.174	0.181

续表

工作绳索数	滑轮个数（定动滑轮之和）	导向滑车数						
		0	1	2	3	4	5	6
9	8	0.129	0.134	0.140	0.145	0.151	0.157	0.163
10	9	0.119	0.124	0.129	0.134	0.139	0.145	0.151
11	10	0.110	0.114	0.119	0.124	0.129	0.134	0.139
12	11	0.102	0.106	0.111	0.115	0.119	0.124	0.129
13	12	0.096	0.099	0.104	0.108	0.112	0.117	0.121
14	13	0.091	0.094	0.098	0.102	0.106	0.111	0.115
15	14	0.087	0.090	0.083	0.091	0.100	0.102	0.108
16	15	0.084	0.086	0.090	0.093	0.095	0.100	0.104

4. 合成纤维吊装带

（1）起重施工所使用的合成纤维吊装带（以下简称吊装带）要由以下标识：

1）极限工作载荷；

2）有效长度。

（2）吊装带使用前要对吊装带表面进行检查，合成纤维破损的吊装带不得使用。

（3）吊装带使用时不得受到电火花和火焰灼烧。

（4）吊装带要在无紫外线辐射及腐蚀的条件下存放。

第五节 多台起重机的联合起升

在多台起重机械的联合起升操作中，由于起重机械之间的相互运动可能产生作用于起重机械、物品和吊索具上的附加载荷，而这些附加载荷的监控是困难的。因此，只有在物品的尺寸、性能、质量或物品所需要的运动由单台起重机械无法操作时才使用多台起重机械操作。

多台起重机械的操作要制定联合起升作业计划，还要包括仔细估算每台起重机按比例所搬运的载荷。基本要求是确保起升钢丝绳保持垂直状态。多台起重机所受的合力不要超过各台起重机单独起升操作时的额定载荷。

1. 多台起重机械的起升操作要考虑的主要因素

（1）重物的质量。要了解或计算重物的总质量及其分布。对于从图样中获得的相关参数，要给出在铸件和轧制件的预留公差和制造公差。

（2）质心。由于制造公差和轧制裕度、焊接金属的质量等各种因素的影响，可能确定不了精确的质心，造成分配到每台起重机械的载荷比例是不准确的。必要时，要采用有关方法精确地确定质心。

（3）取物装置的质量。取物装置的质量要作为起重机计算起升载荷的一部分。当搬运较重的或形状复杂的重物时，从起重机械额定起重量中扣除取物装置的质量可能更重要。因而应该准确地了解取物装置以及必要的吊钩组件的质量及其分布情况。

（4）取物装置的承载能力。要确定在起升操作中取物装置内部产生的力的分布。取物装置要留有超过所需均衡载荷的充分的载荷裕度。除非有针对特殊起升操作的专门要求。为适应联合起升操作过程中产生的载荷或作用力的分布与方向的最大变化，可能有必要使用特殊取物装置。

（5）起重机械的同步动作。多台起重机械的起升过程中，要使作用在起重机械上力的方向和大小变化保持到最小；要尽可能使用额定起重量相等和相同性能的起重机械；要采取措施使各种不均衡降至最小，例如起重机械难于达到精确同步、起升速度的不均衡等。

（6）监控设备。监控设备用于监控载荷的角度和每根起重绳稳定地通过起升操作的垂直度和作用力。这种监控设备的使用有助于将起重机上的载荷控制在规定值之内。

(7) 起升操作的监督。要有被授权人员参加并全面管理多台起重机的联合起升操作，只有该人员才能发出作业指令。但在突发事件中，目睹险情发生的人可以给出常用停止信号的情况除外。

如果从一个位置无法观察到全部所需的观测点，安排在其他地点的观察人员要把有关情况及时向指派人员报告。

(8) 联合起升操作过程中的承载能力要求。如果当（1）～（6）的相关因素达到规定的合格要求并被指派人员所认可，那么，每台超重机操作就可以达到其额定载荷。

当上述有关因素不能达到规定的合格要求时，指派人员要根据具体情况决定对起重机降低额定载荷使用。可降低到额定载荷的75%或更多。

2. 双起重机联合起升的计算

在起重吊装工程的设计中，为了计入动载荷、不均衡载荷的影响，常以计算载荷作为计算依据。计算载荷的一般公式为

$$Q_j = K_1 K_2 Q \tag{3-12}$$

式中 Q_j——计算载荷；

K_1——动载荷系数，一般取动载荷系数 K_1

为 1.1；

K_2——不均衡载荷系数，一般取不均衡载荷系数 K_2 为 1.1～1.2；

Q——设备及索吊具重量。

第四章

起重机械的使用

本节对起重机械吊装使用过程中的基本要求进行了说明，并按照起重机械的分类，重点介绍了各类型的起重机械在吊装使用过程中的要求。

第一节　一 般 规 定

1. 起重机械的标记、标牌、安全标志、界限尺寸与净距

（1）标记、标牌与安全标志。

1）起重机要有标记、标牌和安全标志。

2）起重机的规格标记要符合下列要求：

a. 额定起重量（或额定起重力矩），要永久性标明。

b. 额定起重量随全幅度范围变化的起重机，要设有明显可见的额定起重量随幅度全程变化的曲线或表格；凡不同幅度段规定有不同额定起重量的，幅度段的划分及各段的额定起重量，均要永久性地标明并明显可见。由制造商提供的操作说明书要能对不同幅度起重量做出更详细的说明。

c. 如果起重机配备有多个起升机构，则要分别标明每个起升机构的额定起重量。由制造商提供的操作说明书要指明这些起升机构是否可以同时

使用。

3）每台起重机都要在适当的位置装设标牌，标牌应至少标明以下内容：

a. 制造商名称。

b. 产品名称和型号。

c. 主要性能参数。

d. 出厂编号。

e. 制造日期。

4）要在起重机的合适位置或工作区域设有明显可见的文字安全警示标志，如“起升物品下方严禁站人”“臂架下方严禁停留”“作业半径内注意安全”“未经许可不得入内”等。在起重机的危险部位，要有安全标志和危险图形符号，安全标志和危险图形符号要符合GB 15052—2010《起重机　安全标志和危险图形符号　总则》的规定。安全标志的颜色，要符合GB 2893—2008《安全色》的规定。

5）采用高压供电的起重机械，要在高压供电位置及高压控制设备处设置警示标志。如“高压危险”等。

（2）界限尺寸和净距。

1）在最不利位置和最不利装载条件下，起重机的所有运动部分（吊具和其他取物装置除外）与建筑物的净距规定如下：

a. 距固定部分不小于 0.05m。

b. 距任何栏杆或扶手不小于 0.10m。

c. 距出入区不小于 0.50m（出入区是指允许人员进出的所有通道，但工作平台除外）。

2）起重机械各运动部分的下界限线与下方的一般出入区（从地面或从属于建筑物的固定或活动部分算起，工作或维修平台及类似物除外）之间的垂直距离不要小于 1.7m，与通常不准人出入的下方的固定或活动部分（例如棚顶、加热器、机械部分和运行在下方的起重机等）及与栏杆顶部的垂直距离不要小于 0.5m。

3）起重机械各运动部分的上界限线与上方的固定或活动部分（例如起重小车的最高处与房顶结构最低点、下垂吊灯、下敷管道或与运行在其上方的起重机的最低点）之间的垂直距离，在保养区域和维修平台等处不要小于 0.5m。

2. 起重机械的设置

（1）一般要求。起重机械的设置要主要考虑下列影响其安全操作的因素：

1）起重机械的支撑条件。

2）现场和附近的其他危险因素。

3）工作和非工作状态下风力的影响。

4）具备在施工场地设置或安装起重机械以及在起重作业完成之后拆卸和移动起重机械的通道。

（2）起重机械竖立或支撑条件。指派人员要确保地面或其他支撑设施能承受起重机械施加的载荷，主管人员要对此作出评估。

起重机械在工作状态、非工作状态和在安装、拆卸过程中产生的载荷要从起重机械制造商或起重机械设计、制造方面的权威机构获得。该载荷要包括下列组合载荷：

1）起重机械（包括配重、平衡重或需要时的基础）的净重。

2）重物及吊具的净重。

3）起重机械运行引起的动载荷。

4）由最大允许风速导致的风载荷，考虑工作场地的暴露程度。

起重机械在工作状态下可能产生较大的载荷，但非工作状态和安装、拆卸过程产生的载荷也要加以考虑。

指派人员要负责确保地面或支撑设施能使起重机械在制造商规定的工作级别和参数下工作。

（3）起重机械周围的障碍物。

1）一般要求。

a. 起重机械作业要考虑其周围的障碍物，如附近的建筑、其他起重机、车辆或正在进行装卸作业的船只、堆垛的货物、公共交通区域（包括高速公路、铁路和河流）。

b. 不要忽视通向或来自地下设施的危险，如煤气管道或电缆线。要采取措施使起重机械避开任何地下设施，如果避不开，要对地下设施实施保护措施，预防灾害事故发生。

c. 起重机械或其吊载通过有障碍物的地方，要注意观察下列环境：

（a）现场条件允许时，起重机械的运行路线要清晰地标识，使其远离障碍物。起重机械的任何部件与障碍物之间要有足够的间隙。如不能达到规定的间隙要求，要采取有效措施防止任何阻挡或被挤住的危险。

（b）在起重机械附近周期性堆放货物的地方，在地面上要长期标记其边界线。

2）架空电线和电缆。起重机在靠近架空电缆线作业时，起重指挥、操作工和其他现场工作人员要注意以下几点：

a. 在不熟悉的地区工作时，检查是否有架空线。

b. 确认所有架空电缆线路是否带电。

c. 在可能与带电动力线接触的场合，工作开始之前，要首先考虑当地电力主管部门的意见；当起重机械进入到架空电线和电缆的预定距离之内时，安装在起重机械上的防触电安全装置可发出有效的警报。但不能因为配有这种装置而忽视起重机的安全工作制度。

第二节 履带起重机

（1）起重机停放或行驶时，其车轮、支腿或履带的前端、外侧与沟、坑边缘的距离不得小于沟、坑深度的1.2倍，小于1.2倍时要采取防倾倒、防坍塌措施。在作业时，地面倾斜度不要大于1%。

（2）起重机启动前要重点检查以下项目，并符合下列要求：

1）各安全防护装置及各指示仪表齐全完好。

2）钢丝绳及连接部位符合规定。

3）燃油、润滑油、液压油、冷却水等添加充足。

4）各连接件无松动。

（3）起重机启动前要将主离合器分离，各操纵杆放在空挡位置。并要按照本标准规定启动内燃机。

（4）内燃机启动后，要检查各仪表指示值，待运转正常再接合主离合器，进行空载运转，按顺序检查各工作机构及其制动器，确认正常后，方可作业。

（5）作业时，起重臂的最大仰角不得超过出厂规定。当无资料可查时，不得超过 78°。

（6）起重机变幅要缓慢平稳，严禁在起重臂未停稳前变换挡位。

（7）在起吊载荷达到额定起重量的 90%及以上时，升降动作要慢速进行，严禁同时进行两种及以上动作，严禁下降起重臂。

（8）起吊重物时要先稍离地面试吊，当确认重物已挂牢，起重机的稳定性和制动器的可靠性均良好，再继续起吊。在重物升起过程中，操作人员要把脚放在制动踏板上，密切注意起升重物，防止吊钩冒顶。当起重机停止运转而重物仍悬在空中时，即使制动踏板被固定，仍要脚踩在制动踏板上。

（9）采用双机抬吊作业时，要选用起重性能相似的起重机进行。抬吊时要统一指挥，动作要配合协调，载荷要分配合理，起吊重量不得超过两台起重机在该工况下允许起重量总和的75%，单机的起吊载荷不得超过允许载荷的80%。在吊装过程中，两台起重机的吊钩滑轮组要保持垂直状态。

（10）当起重机带载行走时，起重量不得超过相应工况额定起重量的70%，行走道路要坚实平整，起重臂位于行驶方向正前方向，载荷离地面高度不得大于200mm，并要拴好拉绳，缓慢行驶。不宜长距离带载行驶。

（11）起重机行走时，转弯不要过急；当转弯半径过小时，要分次转弯。

（12）起重机上下坡道时要无载行走，上坡时要将起重臂仰角适当放小，下坡时要将起重臂仰角适当放大。严禁下坡空挡滑行，严禁在坡道上带载回转。

（13）起重机工作时，在起升、回转、变幅三种动作中，只允许同时进行其中两种动作的复合操作。

（14）作业结束后，起重臂要转至顺风方向，并降至40°～60°之间，吊钩要提升到接近顶端的位置，要关停内燃机，将各操纵杆放在空挡位置，各制动器加保险固定，操纵室和机棚要关门加锁。

（15）起重机转移工地，要用火车或平板拖车运输起重机时，所用跳板的坡度不得大于 15°；起重机装上车后，要将回转、行走、变幅等机构制动，并采用木楔楔紧履带两端，再牢固绑扎；后部配重用枕木垫实，不得使吊钩悬空摆动。

（16）起重机需自行转移时，要卸去配重，拆短起重臂，主动轮要在后面，机身、起重臂、吊钩等必须处于制动位置，并要加保险固定。

（17）起重机通过桥梁、水坝、排水沟等构筑物时，必须先查明允许载荷后再通过。必要时要对构筑物采取加固措施。通过铁路、地下水管、电缆等设施时，要铺设木板保护，并不得在上面转弯。

第三节　汽车起重机、轮胎起重机和全地面起重机

（1）汽车起重机、轮胎起重机和全地面起重机操作司机要取得流动式起重机司机作业资格证。

（2）起重机工作的场地要保持平坦坚实，地面松软不平时，支腿要用垫木垫实；起重机要与沟渠、基坑保持安全距离。

（3）起重机启动前要重点检查以下项目，并符合下列要求：

1）各安全保护装置和指示仪表齐全完好。

2）钢丝绳及连接部位符合规定。

3）燃油、润滑油、液压油及冷却水添加充足。

4）各连接件无松动。

5）轮胎气压符合规定。

（4）起重机启动前，要将各操纵杆放在空挡位置，手制动器要锁死，并要按照本标准有关规定启动内燃机。在怠速运转 3～5min 后中高速运转，检查各仪表指示值，运转正常后接合液压泵，液压达到规定值，油温超过 30℃时，方可开始作业。

（5）作业前，要全部伸出支腿，调整机体使回转支撑面的倾斜斜度在无载荷时不大于 1/1000（水准居中）。支腿有定位销的必须插上。底盘为弹性悬挂的起重机，插支腿前要先收紧稳定器。

（6）作业中严禁扳动支腿操纵阀。调整支腿必须在无载荷时进行，并将起重臂转至正前或正后方可再行调整。

（7）要根据所吊重物的重量和提升高度，调整起重臂长度和仰角，并要估计吊索和重物本身的高度，留出适当空间。

（8）起重臂伸缩时，要按规定程序进行，在伸臂的同时要下降吊钩。当制动器发出警报时，要立即停止伸臂。起重臂缩回时，仰角不宜太小。

(9) 起重臂伸出后，或主副臂全部伸出后，变幅时不得小于各长度所规定的仰角。

(10) 汽车式起重机起吊作业时，汽车驾驶室内不得有人，重物不得超越驾驶室上方，且不得在车的前方起吊。

(11) 起吊重物达到额定起重量的50%及以上时，要使用低速挡。

(12) 作业中发现起重机倾斜、支腿不稳等异常现象时，要立即使重物下降至安全的地方，下降中严禁制动。

(13) 重物在空中需要较长时间停留时，要将起升卷筒制动锁住，操作人员不得离开操纵室。

(14) 起吊重物达到额定起重量的90%以上时，严禁下降起重臂，严禁同时进行两种及以上的操作动作。

(15) 起重机带载回转时，操作要平稳，避免急剧回转或停止，换向要在停稳后进行。

(16) 当轮胎式起重机带载行走时，道路必须平坦坚实，载荷必须符合出厂规定，重物离地面不得超过500mm，并要拴好拉绳，缓慢行驶。

(17) 作业后，要将起重臂全部缩回放在支架上，再收回支腿。吊钩专用钢丝绳挂牢；要将车架尾部两撑杆分别撑在尾部下方的支座内，并用螺母固定；要将阻止机身旋转的销式制动器插入销孔，并将取力器操纵手柄放在脱开位置，最后要锁住起重操纵室门。

(18) 行驶前，要检查并确认各支腿的收存无松动，轮胎气压要符合规定。行驶时水温要在 80～90℃范围内，水温未达到 80℃时，不得高速行驶。

(19) 行驶时要保持中速，不得紧急制动，过铁道口或起伏路面时要减速，下坡时严禁空挡滑行，倒车时要有人监护。

(20) 行驶时，严禁人员在底盘走台上站立或蹲坐，并不得堆放物件。

(21) 当轮胎起重机带载行走时，道路必须平坦坚实，载荷必须符合出厂规定，重物离地面不得超过 500mm，并要拴好拉绳，缓慢行驶。

第四节　塔式起重机

(1) 起重机的混凝土基础要符合下列要求：

1) 混凝土基础按塔机制造厂的使用说明书要求制作；使用说明书中混凝土强度未明确的，混凝土强度等级不低于 C30。

2）基础表面平整度允许偏差 1/1000。

3）预埋件的位置、标高和垂直度以及施工工艺符合使用说明书要求。

（2）起重机的轨道基础或混凝土基础要验收合格后，方可使用。

（3）起重机的轨道基础、混凝土基础要修筑排水设施，排水设施要与基坑保持安全距离。

（4）起重机的金属结构、轨道及所有电气设备的金属外壳，要有可靠的接地装置，接地电阻不要大于 4Ω。

（5）起重机的拆装必须由取得建设行政主管部门颁发的起重设备安装工程承包资质，并符合相应等级的单位进行，拆装作业时要有技术和安全人员在场监护。

（6）起重机拆装前，要编制拆装施工方案，由企业技术负责人审批，并要向全体作业人员交底。

（7）拆装作业前要重点检查以下项目，并要符合下列要求：

1）混凝土基础或路基和轨道铺设要符合技术要求。

2）对所拆装起重机的各机构、结构焊缝、重要部位螺栓、销轴、卷扬机构和钢丝绳、吊钩、吊具以及电气设备、线路等进行检查，使隐患排除于拆装作业之前。

3）对自升塔式起重机顶升液压系统的液压缸和油管、顶升套架结构、导向轮、顶升支撑（爬爪）等进行检查，及时处理存在的问题。

4）对拆装人员所使用的工具、安全带、安全帽等进行检查，不合格者立即更换。

5）检查拆装作业中配备的起重机、运输汽车等辅助机械要状况良好，技术性能要保证拆装作业的需要。

6）拆装现场电源电压、运输道路、作业场地等要具备拆装作业条件。

7）安全监督岗的设置及安全技术措施的贯彻落实要达到要求。

（8）塔式起重机配重要按厂家说明书的要求配置，严禁私自设计。

（9）起重机的拆装作业要在白天进行。当遇大风、浓雾和雨雪等恶劣天气时，要停止作业。

（10）指挥人员要熟悉拆装作业方案，遵守拆装工艺和操作规程，使用明确的指挥信号进行指挥。所有参与拆装作业的人员，都要听从指挥，如发现指挥信号不清或有错误时，要停止作业，待联系清楚后再进行。

（11）拆装人员在进入工作现场时，要穿戴安全保护用品，高处作业时要系好安全带，熟悉并认真执行拆装工艺和操作规程，当发现异常情况或疑难问题时，要及时向技术负责人反映，不得自行其是，要防止处理不当而造成事故。

（12）拆装顺序、要求、安全注意事项必须按批准的专项施工方案进行。

（13）采用高强度螺栓连接的结构，必须使用高强度螺栓专业制造生产的连接螺栓；连接螺栓时，要采用扭矩扳手或专用扳手，并要按装配技术要求拧紧。

（14）在拆装作业过程中，当遇天气剧变、突然停电、机械故障等意外情况，短时间不能继续作业时，必须使已拆装的部位达到稳定状态并固定牢靠，经检查确认无隐患后，方可停止作业。

（15）安装起重机时，必须将大车行走缓冲止挡器和限位开关碰块安装牢固可靠，并要将各部位的栏杆、平台、扶杆、护圈等安全防护装置装齐。

（16）在拆除因损坏或其他原因而不能用正常方法拆卸的起重机时，必须按照技术部门批准的安全拆卸方案进行。

（17）起重机安装过程中，必须分阶段进行技术检验。整机安装后，要进行整机技术检验和调整，各机构动作要正确、平稳、制动可靠、各安全装置要灵敏有效；在无载荷情况下，塔身的垂直度允许偏差为4/1000，经分阶段及装机检验合格后，要填写检验记录，经技术负责人审查签证后，方可交付使用。

（18）塔式起重机升降作业时，要符合下列要求：

1）升降作业过程，必须有专人指挥，专人照看电源，专人操作液压系统，专人拆装螺栓。非作业人员不得登上顶升套架的操作平台。操纵室内要只准一人操作，必须听从指挥信号。

2）升降要在白天进行，特殊情况需在夜间作业时，要有充分的照明。

3）在作业中风力突然增大达到8.0m/s及以上时，必须立即停止，并要紧固上、下塔身各连接螺栓。

4）顶升前要预先放松电缆，其长度宜大于顶升总高度，并要紧固好电缆卷筒。下降时要适时收紧电缆。

5）升降时，必须调整好顶升套架滚轮与塔身标准节的间隙，并要按规定使起重臂和平衡臂处于平衡状态，并将回转机构制动住，当回转台与塔身标准节之间的最后一处连接螺栓（销子）拆卸困难时，要将其对角方向的螺栓重新插入，再采取其他措施。不得以旋转起重臂动作来松动螺栓（销子）。

6）升降时，顶升撑脚（爬爪）就位后，要插上安全销，方可继续下一动作。

7）升降完毕后，各连接螺栓要按规定扭力紧固，液压操纵杆回到中间位置，并切断液压升降机构电源。

（19）起重机的附着锚固要符合下列要求：

1）起重机附着的建筑物，其锚固点的受力强度要满足起重机的设计要求。附着杆件的布置方式、相互间距和附着距离等，要按出厂使用说明书规定执行。有变动时，要另行设计。

2）装设附着框架和附着杆件，要采用经纬仪测量塔身垂直度，并要采用附着杆进行调整，在最高锚固点以下垂直度允许偏差为2/1000。

3）在附着框架和附着支座布设时，附着杆倾斜角不得超过10°。

4）附着框架宜设置在塔身标准节连接处，箍紧塔身。塔架对角处在无斜撑时要加固。

5）塔身顶升接高到规定锚固间距时，要及时增设与建筑物的锚固装置。塔身高出锚固装置的自由端高度，要符合出厂规定。

6）起重机作业过程中，要经常检查锚固装置，发现松动或异常情况时，要立即停止作业，故障未排除，不得继续作业。

7）拆卸起重机时，要随着降落塔身的进程拆卸相应的锚固装置。严禁在落塔之前先拆锚固装置。

8）当风速大于 8m/s 时，严禁进行安装或拆卸锚固装置作业。

9）锚固装置的安装、拆卸、检查和调整，均要有专人负责，工作时要系安全带和戴安全帽，并要遵守高处作业有关安全操作的规定。

10）轨道式起重机作附着式使用时，要提高轨道基础的承载能力和切断行走机构的电源，并要设置阻挡行走轮移动的支座。

（20）起重机内爬升时要符合下列要求：

1）内爬升作业要在白天进行，当风速大于 8m/s 时，要停止作业。

2）内爬升时，要加强机上与机下之间的联系以及上部楼层与下部楼层之间的联系，遇有故障及异常情况，要立即停机检查，故障未排除，不得继续爬升。

3）内爬升过程中，严禁进行起重机的起升、回转、变幅等各项动作。

4）起重机爬升到指定楼层后，要立即拔出塔身底座的支承梁或支腿，通过内爬升框架固定在楼板上，并要顶紧导向装置或用楔块塞紧。

5）内爬升塔式起重机的固定间隔要符合使用说明书要求。

6）当内爬升框架设置在的楼层楼板上时，该方案要经原土建设计人员确认，并在楼板下面要增设支柱作临时加固。搁置起重机底座支承梁的楼层下方两层楼板，也要设置支柱作临时加固。

7）起重机完成内爬升作业后，楼板上遗留下来的开孔，要立即采用混凝土封闭。

8）起重机完成内爬升作业后，要检查内爬升框架的固定、确保支撑梁的紧固以及楼板临时支撑的稳固等，确认可靠后，方可进行吊装作业。

（21）每月或连续大雨后，要及时对基础进行全面检查，检查内容包括积水、沉降、混凝土压块、基础节螺栓等。

（22）至少每月一次，对塔机工作机构、所有安全装置、制动器的性能及磨损情况、钢丝绳的磨损及端头固定、液压系统、润滑系统、螺栓销轴等连接处等进行检查；根据工作环境和繁忙程度检查周期可缩短。

（23）配电箱要设置在塔机 3m 范围内，且明显可见；电箱中要设置保险式断路器及塔机电源总开关；电缆卷筒要灵活有效，不得拖缆；塔机要设置短路、过电流、欠电压、过电压及失电压保护、零位保护、电源错相及断相保护。

（24）起重机在无线电台、电视台或其他近电磁波发射天线附近施工时，与吊钩接触的作业人员，要戴绝缘手套和穿绝缘鞋，并要在吊钩上挂接临时放电装置。

（25）当同一施工地点有两台以上起重机时，要保持两机间任何接近部位（包括吊重物）距离不得小于 2m。

（26）轨道式起重机作业前，要检查轨道基础平直无沉陷，鱼尾板联接螺栓及道钉无松动，并要清除轨道上的障碍物，松开夹轨器并向上固定好。

（27）启动前应重点检查以下项目，并符合下列要求：

1）金属结构和工作机构的外观情况正常。

2）各安全装置和各指示仪表齐全完好。

3）各齿轮箱、液压油箱的油位符合规定。

4）主要部位连接螺栓无松动。

5）钢丝绳磨损情况及各滑轮穿绕符合规定。

6）供电电缆无破损。

（28）送电前，各控制器手柄要在零位。接通电源后，要检查供电系统有无漏电现象。

（29）作业前，要进行空载运转，试验各工作机构是否运转正常，有无噪声及异响，各机构的制动器及安全防护装置是否有效，确认正常后方可作业。

（30）起吊重物时，重物和吊具的总重量不得超过起重机相应幅度下规定的起重量。

（31）要根据起吊重物和现场情况，选择适当的工作速度，操纵各控制器时要从停止点（零点）开始，依次逐级增加速度，严禁越挡操作。在变换运转方向时，要将控制器手柄扳到零位，待电动机停转后再转向另一方向，不得直接变换运转方向、突然变速或制动。

（32）在吊钩提升、起重小车或行走大车运行到限位装置前，均要减速缓行到停止位置，并要与限位装置保持一定距离。严禁采用限位装置作为停止运行的控制开关。

（33）动臂式起重机的变幅要单独进行，允许带载变幅的，当载荷达到额定起重量的 90％及以上时，严禁变幅。

（34）重物就位时，要采用慢就位机构使之缓慢下降。

（35）提升重物作水平移动时，要高出其跨越的障碍物 0.5m 以上。

（36）对于无中央集电环及起升机构不安装在回转部分的起重机，在作业时，不得顺一个方向连续回转。

（37）当停电或电压下降时，要立即将控制器扳到零位，并切断电源。如吊钩上挂有重物，要稍松稍紧反复使用制动器，使重物缓慢地下降到安全地带。

（38）采用涡流制动调速系统的起重机，不得长时间使用低速挡或慢就位速度作业。

（39）作业中如遇风速大于 10.8m/s 大风或阵风时，要立即停止作业，锁紧夹轨器，将回转机构的制动器完全松开，起重臂要能随风转动。对轻型俯仰变幅起重机，要将起重臂落下并与塔身结构锁紧在一起。

（40）作业中，操作人员临时离开操纵室时，必须切断电源。

（41）起重机载人专用电梯严禁超员，其断绳保护装置必须可靠，当起重机作业时，严禁开动电梯。电梯停用时，要降至塔身底部位置，不得长时间悬在空中。

（42）非工作状态时，必须松开回转制动器，塔机回转部分在非工作状态要能自由旋转；行走式塔机要停放在轨道中间位置，小车及平衡重要置于非工作状态，吊钩宜升到离起重臂顶端2～3m处。

（43）停机时，要将每个控制器拨回零位，依次断开各开关，关闭操纵室门窗，下机后，要锁紧夹轨器，断开电源总开关，打开高空指示灯。

（44）检修人员上塔身、起重臂、平衡臂等高空部位检查或修理时，必须系好安全带。

（45）停用起重机的电动机、电器柜、变阻器箱、制动器等，要严密遮盖。

（46）塔式起重机塔身上不得悬挂标语牌。

第五节　门式、桥式起重机

（1）起重机路基和轨道的铺设要符合出厂规定，轨道接地电阻不要大于4Ω。

（2）使用电缆的门式起重机，要设有电缆卷筒，配电箱要设置在轨道中部。

（3）用滑线供电的起重机，要在滑线的两端标有鲜明的颜色，滑线要设置防护装置，防止人员及吊具钢丝绳与滑线意外接触。

（4）钢轨接头间隙不得大于4mm，并要与另一侧轨道接头错开，错开距离不得小于1.5m，接头处要架在轨枕上，两轨顶高度差不得大于2mm；轨道要平直，鱼尾板连接螺栓要无松动，轨道和起重机运行范围内要无障碍物。

（5）门式、桥式起重机作业前的重点检查项目要符合下列要求：

1）机械结构外观正常，各连接件无松动。

2）钢丝绳外表情况良好，绳卡牢固。

3）各安全限位装置齐全完好。

（6）操作室内要垫木板或绝缘板，接通电源后要采用试电笔测试金属结构部分，确认无漏电方可上机；上、下操纵室要使用专用扶梯。

（7）作业前，要进行空载运转，在确认各机构运转正常，制动可靠，各限位开关灵敏有效后，方可作业。

（8）开动前，要先发出音响信号示意，重物提升和下降操作要平稳匀速，在提升大件时不要快速提升，并要拴拉绳防止摆动。

（9）吊运易燃、易爆、有害等危险品时，要经安全主管部门批准，并要有相应的安全措施。

（10）重物的吊运路线严禁从人上方通过，亦不得从设备上面通过，空车行走时，吊钩要离地面 2m 以上。

（11）吊起重物后要慢速行驶，行驶中不得突然变速或倒退。两台起重机同时作业时，要保持 5m 距离。严禁用一台起重机顶推另一台起重机。

（12）起重机行走时，两侧驱动轮要同步，发现偏移要停止作业，调整好后方可继续使用。

（13）作业中，严禁任何人从一台桥式起重机跨越到另一台桥式起重机上去。

（14）操作人员由操纵室进入桥架或进行保养检修时，要有自动断电联锁装置或事先切断电源。

（15）露天作业的门式、桥式起重机，当遇风速大于 10.8m/s 的大风时，要停止作业，并锁紧夹轨器，拉好缆风绳。

（16）门式、桥式起重机的主梁挠度超过规定值时，必须修复后方可使用。

（17）作业后，门式起重机要停放在停机线上，用夹轨器锁紧；桥式起重机要将小车停放在两条轨道中间，吊钩提升到上部位置。吊钩上不得悬挂重物。

（18）作业后，要将控制器拨到零位，切断电源，关闭并锁好操纵室门窗。

第六节 施工升降机

（1）施工升降机，其安装和拆卸工作必须由取得建设行政主管部门颁发的起重设备安装工程承包资质的单位负责施工，并必须由经过专业培训，取得操作证的专业人员进行操作和维修。

（2）地基要浇制混凝土基础，必须符合施工升降机使用说明书要求，说明书无要求时其承载能力要大于150kPa，地基上表面平整度允许偏差为10mm，并要有排水设施。

（3）要保证升降机的整体稳定性，升降机导轨架的纵向中心线至建筑物外墙面的距离宜选用说明书提供的较小的安装尺寸。

（4）导轨架安装时，要用经纬仪对升降机在两个方向进行测量校准。其垂直度允许偏差要符合表4－1中要求。

表4－1 导轨架垂直度

架设高度 H（m）	$H \leqslant 70$	$70 < H \leqslant 100$	$100 < H \leqslant 150$	$150 < H \leqslant 200$	$H > 200$
垂直度偏差（mm）	$\leqslant 1/1000H$	$\leqslant 70$	$\leqslant 90$	$\leqslant 110$	$\leqslant 130$

（5）导轨架顶端自由高度、导轨架与附墙距离、导轨架的两附墙连接点间距离和最低附墙点高度均不得超过出厂规定。

（6）升降机的专用开关箱要设在底架附近便于操作的位置，馈电容量要满足升降机直接启动的要求，箱内必须设短路、过载、错相、断相及零位保护等装置。

（7）升降机梯笼周围要按使用说明书的要求，设置稳固的防护栏杆，各楼层平台通道要平整牢固，出入口要设防护门。全行程四周不得有危害安全运行的障碍物。

（8）升降机安装在建筑物内部井道中间时，要在全行程范围井壁四周搭设封闭屏障。装设在阴暗处或夜班作业的升降机，要在全行程上装设足够的照明和明亮的楼层编号标志灯。

（9）升降机安装后，要经企业技术负责人会同有关部门对基础和附墙支架以及升降机架设安装的质量、精度等进行全面检查，并要按规定程序进行技术试验（包括坠落试验），经试验合格签证后，方可投入运行。

（10）升降机的防坠安全器，只能在有效的标定期限内使用，有效标定期限不要超过一年。使用中不得任意拆检调整。

（11）升降机安装后，在投入使用前，必须经过坠落试验。升降机在使用中每隔 3 个月，要进行一次坠落试验。试验程序要按说明书规定进行，梯笼坠落试验制动距离不得超过 1.2m；试验后以及正常操作中每发生一次防坠动作，均必须由专门人员进行复位。

（12）作业前要重点检查以下项目，并要符合下列要求：

1）各部结构无变形，连接螺栓无松动。

2）齿条与齿轮、导向轮与导轨均接合正常。

3）各部钢丝绳固定良好，无异常磨损。

4）运行范围内无障碍。

（13）启动前，要检查并确认电缆、接地线完整无损，控制开关在零位。电源接通后，要检查并确认电压正常，测试无漏电现象。要试验并确认各限位装置、梯笼、围护门等处的电器联锁装置良好可靠，电器仪表灵敏有效。启动后，要进行空载升降试验，测定各传动机构制动器的效能，确认正常后，方可开始作业。

（14）升降机要按使用说明书要求，进行维护保养，并按使用说明书规定，定期检验制动器的可靠性，制动力矩必须达到使用说明书要求。

（15）梯笼内乘人或载物时，要使载荷均匀分布，不得偏重。严禁超载运行。

（16）操作人员要根据指挥信号操作。作业前要鸣声示意。在升降机未切断总电源开关前，操作人员不得离开操作岗位。

（17）当升降机运行中发现有异常情况时，要立即停机并采取有效措施将梯笼降到底层，排除故障后方可继续运行。在运行中发现电气失控时，要立即按下急停按钮，在未排除故障前，不得打开急停按钮。

（18）升降机在风速 10.8m/s 及以上大风、大雨、大雾以及导轨架、电缆等结冰时，必须停止运行，并将梯笼降到底层，切断电源。暴风雨后，要对升降机各有关安全装置进行一次检查，确认正常后，方可运行。

（19）升降机运行到最上层或最下层时，严禁用行程限位开关作为停止运行的控制开关。

（20）当升降机在运行中由于断电或其他原因而中途停止时，可以进行手动下降，将电动机尾端制动电磁铁手动释放拉手缓缓向外拉出，使梯笼缓慢地向下滑行。梯笼下滑时，不得超过额定运行速度，手动下降必须由专业维修人员进行操纵。

（21）作业后，要将梯笼降到底层，各控制开关拨到零位，切断电源，锁好开关箱，闭锁梯笼门和围护门。

（22）导轨架顶端必须有防冒顶的可靠措施。

第七节　井架、龙门架物料提升机

（1）进入施工现场的井架、龙门架必须具有下列安全装置：

1）上料口防护棚。

2）层楼安全门、吊篮安全门。

3）断绳保护装置及防坠器。

4）安全停靠装置。

5）起重量限制器。

6）上、下限位器。

7）紧急断电开关、短路保护、过电流保护、漏电保护。

8）信号装置。

9）缓冲器。

（2）卷扬机要执行第九节的有关规定。

（3）基础要符合说明书要求。缆风绳、附墙装置不得与脚手架连接，不得用钢筋、脚手架钢管等代替缆风绳。

（4）起重机的制动器要灵活可靠。

（5）运行中吊篮的四角与井架不得互相擦碰，吊篮各构件连接要牢固、可靠。

（6）龙门架或井架不得和脚手架联为一体。

（7）垂直输送混凝土和砂浆时，翻斗出料口要灵活可靠，保证自动卸料。

（8）吊篮在升降工况下严禁载人，吊篮下方严禁人员停留或通过。

（9）作业后，要检查钢丝绳、滑轮、滑轮轴和导轨等，发现异常磨损，要及时修理或更换。

（10）作业后，要将吊篮降到最低位置，各控制开关扳至零位，切断电源，锁好开关箱。

第八节 吊 篮

（1）吊篮安装、拆卸、使用宜按 JB/T 11699—2013《高处作业吊篮安装、拆卸、使用技术规程》。

（2）吊篮安装、拆卸单位要符合下列要求：

1）吊篮安装、拆卸单位要具备政府或产品归口行业协会颁发的吊篮安装、拆卸相应的资质证书，在资质许可范围内从事吊篮的安装、拆卸业务。

2）吊篮安装、拆卸单位除要具有资质评审规定的专业技术人员外，还要有与承担工程相适要的专业作业人员。主要负责人、项目负责人、专职安全生产管理人员要持有安全生产考核合格证书。吊篮安装、拆卸的作业人员要具有特种作业人员的资格证书。

3）吊篮安装、拆卸单位要与使用单位在吊篮安装前签订吊篮安全协议，明确双方的安全生产责任。安装、拆卸单位和使用单位为同一单位时，要向建设单位、总包单位或监理单位提供安全管理规章制度、安全管理保障措施及安全施工方案。

（3）安全锁必须在有效标定期限内使用，有效标定期限不要大于一年。

（4）对离心触发式安全锁，达到安全锁锁绳速度时，即能自动锁住安全钢丝绳，使悬吊平台在200mm范围内停住。

（5）对摆臂式防倾斜安全锁，悬吊平台工作时纵向倾斜角度不大于8°时，能自动锁住并停止运行。

（6）安全锁在锁绳状态下要不能自动复位。

（7）前后支架、横梁等结构件必须用可拆卸的标准螺栓紧固，严禁用销轴组装。

（8）前支架的上立柱和下立柱必须在同一条垂直线上，距离机构边缘大于200mm。

（9）钢丝绳在做回弯时，必须使用鸡心环保护使其圆滑过渡；固定钢丝绳时，绳夹数量及安装方式满足要求。

(10) 前梁上的钢丝绳悬挂架下的二销轴卡套上分别安装工作钢丝绳和安全钢丝绳，用绳夹夹好各条绳的端部，再在安全钢丝绳的适当部位装好限位块，限位块距顶端 80cm 处固定。

(11) 安全钢丝绳必须独立于工作钢丝绳另行悬挂。

(12) 在正常运行时，安全钢丝绳要处于悬垂状态，底部重锤离地 150mm，工作绳和安全绳无绞绕。

(13) 钢丝绳与棱角物体的接触部位钢丝绳不得拉伤、变形或扭曲，端部的绳夹数量、间距、固定方法要符合标准。

(14) 吊篮外侧及两侧面要用密目安全网封挡严密，吊篮架长度不得大于 6m。

(15) 安全绳要固定在有足够强度的建筑物结构上，严禁固定在吊篮结构上，并在两个支架中间下垂，每台吊篮配一根生命安全绳，绳径大于 12.5mm。

(16) 安全绳和电缆在建筑物结构拐角处必须做保护，无磨损断股；安全绳长度要长于楼房高度 2～3m 以上，绳径不小于 12.5mm，安全锁扣与安全绳相匹配。

(17) 吊篮施工下方设置警戒线，划定危险区域。

(18) 首层设置满足施工需要的安全通道，除安全通道外的洞口必须全部封闭。

第九节　轻小型起重设备

1. 起重葫芦

（1）手拉葫芦。

1）使用前要进行检查，手拉葫芦的吊钩、链条、轮轴、链盘等要无锈蚀、裂纹、损伤，传动部分要灵活正常，否则严禁使用。

2）起构件至起重链条受力后，要仔细检查，确保齿轮啮合良好，自锁装置有效后，方可继续作业。

3）在−10℃以下时，起重量不得超过其额定起重值的一半，其他情况下，不得超过其额定起重值。

4）要均匀和缓缓地拉动链条，并要与轮盘方向一致。不得斜向曳动，要防止跳链、掉槽、卡链现象发生。

5）手拉葫芦起重量或起吊构件的重量不明时，只可一人拉动链条，如一人拉不动要查明原因，严禁两人或多人一齐猛拉。

6）齿轮部分要经常加油润滑，棘爪、棘爪弹簧和棘轮要经常检查，严防制动失灵。

7）手拉葫芦使用完毕后要拆卸清洗干净，并上好润滑油，装好后套上塑料罩挂好，妥善保管。

（2）电动葫芦。

1）电动葫芦使用前要检查设备的机械部分和电气部分，钢丝绳、吊钩、限位器等要完好，电气部分要无漏电，接地装置要良好。

2）电动葫芦要设缓冲器，轨道两端要设挡板。

3）作业开始第一次吊重物时，要在吊离地面100mm时停止，检查电动葫芦制动情况，确认完好后方可正式作业。露天作业时，电动葫芦要设有防雨棚。

4）电动葫芦严禁超载起吊。起吊时，手不得握在绳索与物体之间，吊物上升时要严防冲撞。

5）起吊物件要捆扎牢固。电动葫芦吊重物行走时，重物离地不宜超过1.5m高。工作间歇不得将重物悬挂在空中。

6）电动葫芦作业中发生异味、高温等异常情况，要立即停机检查，排除故障后方可继续使用。

7）使用悬挂电缆电气控制开关时，绝缘要良好，滑动要自如，人的站立位置后方要有2m空地并要正确操作电钮。

8）在起吊中，由于故障造成重物失控下滑时，必须采取紧急措施，向无人处下放重物。

9）在起吊中不得急速升降。

10）电动葫芦在额定载荷制动时，下滑位移量不要大于 80mm。

11）作业完毕后，要停放在指定位置，吊钩升起，并切断电源，锁好开关箱。

2. 卷扬机

(1) 安装时，基面平稳牢固、周围排水畅通、地锚设置可靠，并要搭设工作棚。

(2) 操作人员的位置要在安全区域，并能看清指挥人员和拖动或起吊的物件。

(3) 卷扬机设置位置必须满足：卷筒中心线与导向滑轮的轴线位置要垂直，且导向滑轮的轴线要在卷筒中间位置；卷筒轴心线与导向滑轮轴心线的距离，对光卷筒不要小于卷筒长度的 20 倍，对有槽卷筒不要小于卷筒长度的 15 倍。

(4) 作业前，要检查卷扬机与地面的固定，弹性联轴器不得松旷，并要检查安全装置、防护设施、电气线路、接零或接地线、制动装置和钢丝绳等，全部合格后方可使用。

(5) 卷扬机至少装有一个制动器，制动器必须是常闭式的。

(6) 卷扬机的传动部分及外露的运动件均要设防

护罩。

(7) 卷扬机要装设能在紧急情况下迅速切断总控制电源的紧急断电开关，并安装在司机操作方便的地方。

(8) 钢丝绳卷绕在卷筒上的安全圈数要不少于3圈。钢丝绳末端固定要可靠，在保留两圈的状态下，要能承受1.25倍的钢丝绳额定拉力。

(9) 钢丝绳不得与机架、地面摩擦，通过道路时，要设过路保护装置。

(10) 建筑施工现场不得使用摩擦式卷扬机。

(11) 卷筒上的钢丝绳要排列整齐，当重叠或斜绕时，要停机重新排列，严禁在转动中用手拉脚踩钢丝绳。

(12) 作业中，操作人员不得离开卷扬机，物件或吊笼下面严禁人员停留或通过。休息时要将物件或吊笼降至地面。

(13) 作业中如发现异响、制动失灵、制动带或轴承等温度剧烈上升等异常情况时，要立即停机检查，排除故障后方可使用。

(14) 作业中停电时，要将控制手柄或按钮置于零位，并切断电源，将提升物件或吊笼降至地面。

(15) 作业完毕，要将提升吊笼或物件降至地面，并要切断电源，锁好开关箱。

3. 千斤顶

（1）千斤顶要定期维护保养。在使用前后要拆洗干净，损坏和不符合要求的零件要予以更换，安装好后要检查各部配件运转是否灵活，对油压千斤顶还要检查阀门、活塞、皮碗是否完好，油液是否干净，稠度是否符合要求，若在负温情况下使用时，油液要不变稠、不结冻。

（2）当螺旋千斤顶和齿条千斤顶的螺杆、螺母的螺纹和齿条磨损深度超过20%时，不得继续使用。

（3）选择千斤顶，要符合下列规定：

1）千斤顶的额定起重量要大于起重构件的重量，起升高度要满足要求，其最小高度要与安装净空相适应。

2）采用多台千斤顶联合顶升时，要选用同一型号的千斤顶，每台的额定起重量不得小于所分担构件重量的1.2倍。

（4）千斤顶要放在平整坚实的地面上，底座下要垫以枕木或钢板，以加大承压面积，防止千斤顶下陷或歪斜。与被顶升构件的光滑面接触时，要加垫硬木板，严防滑落。

（5）设顶处必须是坚实部位，载荷的传力中心要与千斤顶轴线一致，严禁载荷偏斜。

（6）顶升时，要先轻微顶起后停住，检查千斤顶承力、地基、垫木、枕木垛是否正常，如有异常或千斤顶歪斜，要及时处理后方可继续工作。

（7）顶升过程中，不得随意加长千斤顶手柄或强力硬压，每次顶升高度不得超过活塞上的标志，且顶升高度不得超过螺钉杆丝扣或活塞总高度的3/4。

（8）构件顶起后，要随起随搭枕木垛和加设临时短木块，其短木块与构件间的距离要随时保持在50mm以内，严防千斤顶突然倾倒或回油。

第五章

大型起重机械的自检与检验

本章重点说明了起重机械的自检、检验及使用登记等方面的相关要求。并按照起重机械的作业环境，将起重机械的检验分为属于国家市场监督管理总局监管的起重机械、房屋建筑工地和市政工程工地的建筑起重机械，并分别对上述两类起重机械的监督检验、定期检验、检验申请要求和所需资料及使用登记进行了详细说明。

第一节 大型起重机械的自检

（1）大型起重机械在下列情况下要组织进行自检：

1）安装监督检验前自检。属于实施安装监督检验的起重机械，安装完成后要由安装单位和施工单位分别形成自检报告。

2）定期检验前自检。在起重机械定期检验有效期届满一个月前，由使用单位进行自行检查。

3）改造、重大修理自检。实施改造、重大修理的起重机械在检验机构进行监督检验前由实施改造和重大修理的单位进行重大修理、改造自检。

（2）安装单位对起重机械安装质量按照各类安全技术检验报告书（详见附录 F）进行自检，安装单位自检合格后，施工单位组织安装单位、使用单位进行验收并形成验收记录。安装单位对验收提出的整改意见进行整改。使用承租的起重机械，由施工单位、出租单位和安装单位共同进行验收，验收合格方可使用。

（3）监理单位要对在安装单位自检、施工单位验收的基础上，对起重机械投入使用前进行安全检查签证，形成监理签证记录。

（4）发电厂永久起重机械的首次安装验收，安装单位除要按 DL/T 5210.1—2012《电力建设施工质量验收及评价规程　第1部分：土建工程》履行质量验收程序，同时要填写起重机械安全技术检验报告书，建设单位和监理单位要参与验收，并签署验收意见。

（5）大修或改造的起重机械要由实施大修和改造的单位自检，并经施工单位验收和监理单位安全检查签证。

第二节　大型起重机械的检验

（1）基本要求：

1）对于属于国家市场监督管理总局监管的起重机械，实施首次检验、监督检验、定期检验。

a. 首次检验是指在起重机械使用单位自检的基础上，由检验机构依据 JSG Q7015—2016《起重机械定期检验规则》对不实施安装监督检验的起重机械，在投入使用之前进行的检验。

b. 监督检验是指起重机械安装（包括新装、移装)、改造、重大修理过程中，在施工单位（安装、改造、重大修理实施单位）自检合格的基础上，由国家市场监督管理总局核准的检验机构依据 JSG Q7016—2016《起重机械安装改造重大修理监督检验规则》对施工过程进行的强制性、验证性检验。

c. 定期检验是指在起重机械使用单位进行经常性维护保养和自行检查的基础上，由国家市场监督管理总局核准的检验机构依据 JSG Q7015—2016 对纳入使用登记的在用起重机械按照一定的周期进行的检验。

2）对于房屋建筑工地和市政工程工地的建筑起重机械的检验。

a. 对于房屋建筑工地和市政工程工地的建筑起重机械的检验是指依据 JGJ 305—2013《建筑施工升降设备设施检验标准》等相关建筑行业标准和施工所在地的工程建设地方标准，由建设主管部门认可的检测机构对建筑起重机械开展的安装质量检测和定期检测。

b. 安装质量检测是指对建筑起重机械安装后、使用前的技术状态及其安全装置的可靠性与相关规程的符合性进行检测的过程。

c. 定期检测是按照相关规程规定情况，对在用的建筑起重机械的技术状态及其安全装置的可靠性与相关规程的符合性进行检测的规程。

3）国外项目起重机械的检验，按照所在国别的要求执行。

（2）检验范围。

1）实施首次检验的起重机械范围按照《实施首次检验的起重机械目录》。

2）起重机械安装监督的监检范围按照《实施安装监督检验的起重机械目录》，起重机械改造、重大修理的监检范围按照《特种设备目录》实施。

3）对于房屋建筑工地和市政工程工地的建筑起重机械，检验范围除按照《特种设备目录》实施以外，还要遵照施工所在地的地方建设主管部门的规定。

（3）检验周期。

对于属于国家市场监督管理总局监管的起重机械，在用起重机械定期检验周期如下：

1）塔式起重机、升降机、流动式起重机每年1次。

2）桥式起重机、门式起重机、门座式起重机、桅杆式起重机等每2年1次。

对于房屋建筑工地和市政工程工地的建筑起重机

械的检验周期参见施工所在地的建设主管部门的规定。

（4）检验申请要求和所需资料：

1）首次检验申请要求和所需资料：

a. 实施首次检验的起重机械由产权单位在使用前向产权所在地的特种设备检验机构申请首次检验。

b. 申请检验时，使用单位应当填写《起重机械定期（首次）检验申请单》。

c. 申请首次检验的起重机械，其产权单位应当提供以下资料：

(a) 产品设计文件（总图、主要受力结构件图、电气原理图、液压或者气动系统原理图、使用说明书等）。

(b) 产品质量合格证明（包括合格证、质量证明书等）。

(c) 特种设备制造许可证、安装改造维修许可证、整机型式试验证书（必要时提供型式试验报告）。

(d) 安全保护装置和电动葫芦的型式试验证书（必要时提供型式试验报告）。

(e) 整机船运证明、照片等资料（以整机滚装形式出厂的起重机械）。

(f) 以上要求的资料凡提供复印件的，应当加盖申请单位公章。

2）定期检验申请要求和所需资料：

a. 起重机械使用单位应当按照安全技术规范的要求，在检验合格有效期届满前一个月向特种设备检验机构提出定期检验要求。

b. 现场定期检验时，使用单位应当提供以下资料：

（a）起重机械上次检验报告及使用登记证。

（b）上次检验周期内的维保、修理（如有）记录。

（c）自检记录。

（d）检验工作需要的其他相关资料。

3）监督检验申请要求和所需资料：

a. 起重机械施工单位应当在施工前将拟进行的起重机械安装、改造、修理情况书面告知设备使用地的市级特种设备安全监督管理部门。

b. 施工单位告知后，填写《起重机械安装改造重大修理监督检验申请表》，向检验机构申请检验，并且提交以下资料：

（a）特种设备制造许可证、安装改造维修许可证或者许可受理决定书等许可证明。

（b）安全保护装置和电动葫芦型式试验证明。

（c）整机型式试验备案证明或者样机型式试验申请表。

(d) 特种设备安装改造修理告知书。

(e) 施工合同和施工方案。

c. 前款要求的资料为复印件的，应当加盖施工单位的公章。提交的资料如有变更，施工单位应当及时通知检验机构。

d. 起重机械施工单位收到检验机构以《起重机械安装改造重大修理监督检验申请反馈单》形式书面回复后，方可进行施工。

4) 施工监检工作过程中，起重机械施工单位应当向监检人员提供以下资料：

a. 质量计划、施工作业（工艺）文件。

b. 现场施工的项目负责人、质量保证体系责任人员、专业技术人员、技术工人名单和特种设备作业人员证等相关证件。

c. 产品技术资料和文件（设计文件、产品质量合格证明、安装及其使用维护保养说明等）。

d. 改造、重大修理的设计文件。

e. 施工过程的自检记录、验收资料。

5) 房屋建筑工地和市政工程工地的建筑起重机械检验申请要求和所需资料受检单位要具有下列资料：

a. 产品出厂合格证、特种设备制造许可证、产权备案证明。

b. 安装告知手续。

c. 安装合同及安全协议。

d. 专项施工方案。

e. 地基承载力勘察报告（对于塔式起重机而言）。

f. 防坠安全器标定检测报告（对于施工升降机而言）。

g. 基础验收及其隐蔽工程资料。

h. 基础混凝土强度报告。

i. 预埋件或地脚螺栓产品合格证。

j. 安装前检查表。

k. 安装自检记录。

（5）起重机械检验合格后，施工单位要将起重机械检验报告报建设单位、监理单位备案，并将起重机械检验合格证明张贴在起重机械显著位置。

第三节　使用登记

（1）属于国家市场监督管理总局监管的起重机械的使用登记：

1）起重机械的使用登记按照国家质量监督检验检疫总局令第 92 号《起重机械安全监察规定》执行。

2）起重机械使用单位应当在起重机械投入使用前

或者投入使用后30日内，向负责特种设备安全监督管理的部门办理使用登记，取得使用登记证书。

3）登记标志应当置于该特种设备的显著位置。

4）流动作业的起重机械，使用单位应当到产权单位所在地的登记部门办理使用登记。

5）使用登记的程序，包括申请、受理、审查和颁发使用登记证，以及改造变更、使用单位更名、达到设计使用年限继续使用的变更等具体参见TSG 08—2017《特种设备使用管理规则》。

（2）属于房屋建筑工地和市政工地的起重机械的使用登记：

1）使用单位应当自建筑起重机械安装验收合格之日起30日内，将建筑起重机械安装验收资料、建筑起重机械安全管理制度、特种作业人员名单等，向工程所在地县级以上地方人民政府建设主管部门办理建筑起重机械使用登记。

2）登记标志置于或者附着于该设备的显著位置。

第四节 特种设备使用标志

（1）新投入使用的特种设备，办理使用登记时，由登记机关签发《特种设备使用标志》并且加盖登记机关公章。

（2）特种设备进行定期检验后，《特种设备使用标志》由定期检验机构签发，并且加盖检验专用章。

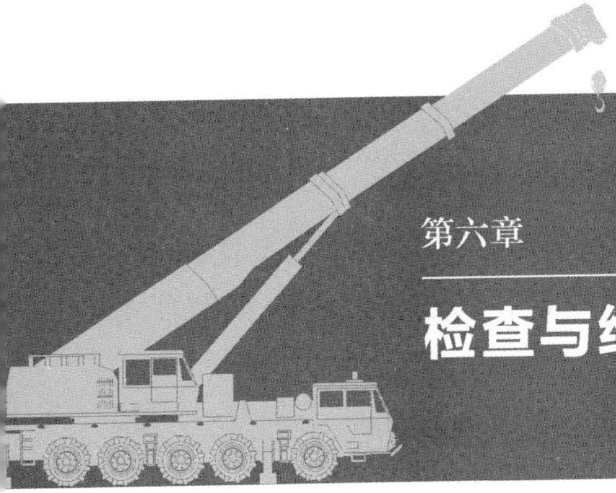

第六章

检查与维护

本章对起重机械的日常检查、定期检查、特殊检查及检查位置进行了说明，并对起重机械的维护及修理等方面进行了详细介绍。

第一节 检　查

1. 日常检查

(1) 日常检查要在每个工作班次开始作业前，对起重机械进行目测检查和功能试验，以发现有无缺陷。

(2) 日常检查要包括以下项目：

1) 作业环境。

2) 安全防护装置。

3) 起重吊具、钢丝绳和起重用链条。

4) 制动器。

5) 消防器材。

6) 供电电源。

7) 控制装置。

8) 监控系统。

9) 标记和警示标志。

10) 气动系统、液压系统、冷却系统、燃油系统的渗漏。

11）照明装置。

2. 定期检查

（1）定期检查按周期可分为周检、月检、季检、半年检和年检。要根据不同的起重机械确定具体的检查周期、检查项目和检查方法。年检时要为全项目检查。

（2）定期检查要包括以下项目：

1）技术文件和资料：

a. 随行文件。

b. 检查及维护记录。

c. 设备安装、改造、维修、注册登记等其他档案。

2）金属结构：

a. 金属结构变形、裂纹、腐蚀。

b. 焊缝裂纹。

c. 紧固件及销轴。

3）机构：

a. 起升机构。

b. 运行机构。

c. 回转机构。

d. 变幅机构。

e. 伸缩机构。

f. 其他辅助机构（如移动供电系统、吊具机构、润滑系统、塔机的爬升系统等）。

4）关键零部件：

a. 起重吊具。

b. 钢丝绳及其附件。

c. 起重用链条。

d. 卷筒。

e. 滑轮。

f. 制动器。

g. 车轮。

h. 开式齿轮。

i. 联轴器。

j. 其他。

5）控制系统：

a. 电控系统（含安全监控管理系统）。

b. 液压系统。

c. 气动系统。

6）安全防护：

a. 限制运动行程与指示工作位置的安全防护装置（如起升高度限制器、限位开关、幅度指示器、防止臂架向后倾翻的装置、回转锁定装置、支腿回缩锁定装置、防碰撞装置、缓冲器及端部止挡、偏斜指示器或限制器、水平仪等）。

b. 防超载、超速的安全防护装置（如起重量限制器、起重力矩限制器、极限力矩限制器、超速保护装置等）。

c. 抗风防滑和防倾翻装置［如抗风防滑装置（锚定装置、夹轨器等）、防倾翻安全钩等］。

d. 联锁保护。

e. 电气保护。

f. 警示装置及标志（如声、光报警装置、安全警示标志等）。

g. 通道及安全防护设施（如楼梯、阶梯、平台、走道、栏杆、防护罩、检修吊笼等）。

h. 其他安全防护装置［如风速仪、导电滑触线的安全防护、轨道清扫器、防坠落保护、断绳保护、钢丝绳防脱装置、起升绳偏角限制器、爬升装置防脱装置、汽车长宽高限制装置、阻车装置、人车误入检测装置、自动门防夹装置、防重叠自动检测装置、松绳（链）检测装置或载车板倾斜检测装置、限速器、安全钳、紧急联络装置、运转限制装置、载车板锁定装置等］。

7）对于需要解体、移装的起重机械，检查项目至少要执行定期检验的所有项目。

3. 特殊检查

(1) 起重机械在发生下列情况后要进行特殊检查：

1) 当起重机械发生下列变化时：

a. 安全防护装置。

b. 额定载荷。

c. 主要受力结构件。

d. 机构。

e. 控制站和控制系统。

f. 动力源。

g. 钢丝绳或起重用链条。

h. 起重吊具。

i. 底盘、基座和支撑结构。

2) 当外界环境发生下列变化，超出设备正常环境条件时：

a. 极端天气条件（如暴风雨等）。

b. 地震。

c. 基础（含起重机轨道）。

d. 火灾、水灾。

e. 发生超载、挂舱、急停、撞击等非正常运行情况。

3）起重机械停用后再次启用前。

（2）起重机械本身或外界条件发生变化时，检查项目要与变化或损害的程度相适应。起重机械停用后再次启用前，检查项目要根据各种起重机械的特性进行确定。

（3）起重机械发生事故后，要根据事故具体情况确定检查项目。

第二节 维 护

（1）起重机械使用单位要实行定期保养，结合特殊情况下的特殊保养的方式进行。要编制起重机械的维护保养计划，规定起重机械的维护保养的时间、保养内容等相关要求。

1）日常保养（例行保养），又称每班保养，操作工在上下班前后或交接班时进行。重点是检查、清洁、润滑。

2）定期保养分为一级保养、二级保养和二级保养加附加作业。定期保养要根据工作强度和繁忙程度，调整保养工作间隔时间。对于有运行工作小时记录表的履带起重机、汽车起重机、轮胎起重机、全地面起重机等要根据操作说明书及时进行定期保养。

a. 一级保养：以润滑、紧固为中心，并按润滑周期表加注（添）润滑脂（润滑油）、清洗滤清器或更换滤芯等。

b. 二级保养：以紧固、调整为中心，除执行一级保养作业的项目外，检查并调整发动机、行走机构、操作、传动、转向、制动、变速和电气设备等工作装置，要求紧固内外所有的紧固件。

c. 二级保养加附加作业：以消除隐患为目的，作业内容除执行一、二级保养内容外，可对部分总成进行解体检查。对调整后不能符合性能的零部件更换。并对整机进行必要的除锈、补漆整容、防腐等作业。

3）特殊保养分停放保养、走合期保养、换季保养和转移保养等。

a. 停放保养：机械设备停用超过一个月以上，在使用前必须进行相当于一级保养作业内容的检查、保养。

b. 走合期保养：新机或经大修的机械，按走合期规定进行保养。

c. 换季保养：入夏、入冬前要进行季节性保养，更换适合季节的润滑油（脂），并采取适当的防寒或降温措施。此项保养尽可能结合定期保养进行。

d. 工地转移保养：机械设备在工地之间转移时，必须进行全面保养、检修，以确保顺利地安装和以良好的机械状况投入使用。

（2）起重机械在发生故障后或根据日常检查、定期检查、特殊检查的结果，对发现的缺陷，要及时制定非计划性的维护，及时排除故障和消除缺陷。

（3）起重机械的维护工作要由专业维护人员或有经验的技师负责。

（4）起重机械的维护要形成记录，归入起重机械安全技术档案中。维护记录要至少包括以下内容：

1）维护的日期和地点。

2）维护人员签名和其所属单位的名称。

3）被维护设备的名称、型号、出厂编号及主要参数。

4）各维护项目、维护方法及维护结果。

5）对维护结果验证的说明。

第三节 修 理

(1) 起重机械的重大修理必须由取得起重机械改造、修理许可资质的企业负责实施。起重机械的产权单位或出租、使用单位未取得起重机械改造、修理资质的不得自行对起重机械进行重大修理工作。

(2) 施工单位进行起重机械重大修理要进行技术经济可行性分析，论证起重机械改造的技术先进性、使用可靠性、经济可行性及起重机械的安全性。

(3) 起重机械所有权单位如无起重机械改造、修理许可资质，可委托其他有资质单位进行起重机械的改造、重大修理工作，签订委托合同，明确双方在起重机械改造、重大修理中的安全责任。起重机械改造、修理单位应当在重大修理前将拟进行起重机械重大修理的情况书面告知起重机械使用地的市级特种设备安全监督管理部门。

(4) 起重机械的重大修理工作完成后，要进行全面的安全检查及性能试验，由实施修理的单位提交自检报告。

（5）实施重大修理的起重机械要重新提交当地市场监督部门认可的检测机构进行检验，检验合格后方可投入使用。

（6）起重机械的修理工作要形成记录，归入起重机械安全技术档案中。

（7）起重机械使用状态的安全评估。起重机械要按第一节的规定进行检查，按 GB/T 25196—2018《起重机　设计工作周期的监控》的规定进行起重机械使用状态的安全评估。

第七章

起重机械常见隐患与事故案例

经过对多年起重机械安全管理经验的总结及收集的近年来发生的部分起重机械安全事故，本章重点介绍了各类型的起重机械在日常使用过程中一些常见的安全隐患及近年来一些典型的起重机械安全事故案例剖析。

第一节 常见隐患

1. 塔式起重机

（1）塔式起重机标准节连接螺栓反装、松动，如图 7-1 所示。

图 7-1 塔式起重机标准节连接螺栓反装、松动现场图片

（2）塔式起重机驾驶室未安装重量限制器、力矩限制器，如图 7-2 所示。

（3）塔式起重机标准节金属结构焊接出现裂纹、

金属结构变形，如图 7－3 所示。

图 7－2　塔式起重机驾驶室未安装重量限制器、力矩限制器现场图片

图 7－3　塔式起重机标准节金属结构焊接出现裂纹、金属结构变形现场图片

2. 门式、桥式起重机

（1）门式、桥式起重机钢结构存在缺陷，如图 7－4 所示。

图 7-4 门式、桥式起重机钢结构存在缺陷现场图片

（2）门式、桥式起重机行程开关损坏，如图 7-5 所示。

图 7-5 门式、桥式起重机行程开关损坏现场图片

（3）门式、桥式起重机司机室门上未设置电气联锁保护，如图 7-6 所示。

3. 履带起重机

（1）履带式起重机地基承载力不符合要求，未按

图 7-6　门式、桥式起重机司机室门上未设置电气联锁保护现场图片

照规程规范及说明书的要求垂直履带铺设路基箱，如图 7-7 所示。

图 7-7　履带式起重机地基承载力不符合要求现场图片

（2）履带式起重机缺少主臂防后倾安全装置，如

图 7－8 所示。

图 7－8　履带式起重机缺少主臂防后倾安全装置现场图片

（3）履带式起重机司机强制解除保护装置，如图 7－9 所示。

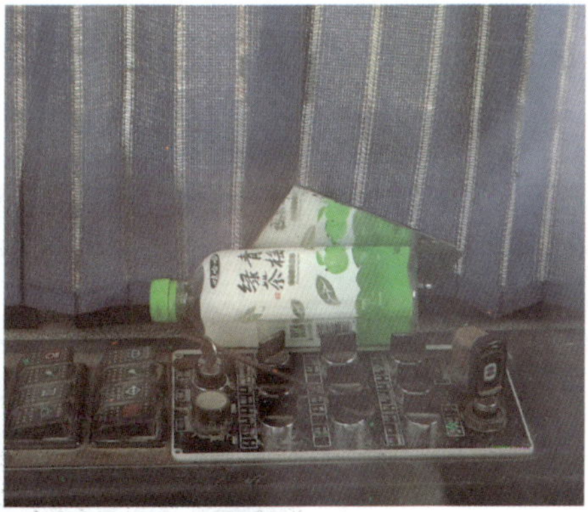

图 7－9　履带式起重机司机强制解除保护装置现场图片

4. 汽车起重机

（1）汽车起重机支腿未完全伸出，支腿地基承载力或支护不符合要求，如图 7－10 所示。

(a)

(b)

图 7－10　汽车起重机支腿现场图片

(a) 支腿未完全伸出；(b) 支腿地基支护不符合要求

（2）汽车起重机未安装起升高度限位器或限位器失效，如图 7－11 所示。

(a)

(b)

图 7－11　汽车起重机安装限位器现场图片

(a) 未安装限位器；(b) 限位器失效

(3) 汽车起重机重量限制器损坏，如图 7－12 所示。

图 7－12 汽车起重机重量限制器损坏现场图片

(4) 汽车起重机司机强制解除过载开关，如图 7－13 所示。

图 7－13 汽车起重机司机强制解除过载开关现场图片

注：当过载、过放、过卷时，需要往危险方向操作时把此开关向右旋转 45°。此开关的操作只能在调试和维修的时候使用，调试和维修完后应把钥匙取出。

（5）汽车起重机钢丝绳反穿，如图 7-14 所示。

图 7-14　汽车起重机钢丝绳反穿现场图片

5. 施工升降机

（1）施工升降机联锁保护失效，如图 7-15 所示。

图 7-15　施工升降机联锁保护失效现场图片

（2）施工升降机安全防坠器盖螺栓松动，如图 7-16 所示。

图 7-16　施工升降机安全防坠器盖螺栓松动现场图片

（3）施工升降机未安装防护围栏或防护围栏不符合规程要求，如图 7-17 所示。

（a）　　　　　　（b）

图 7-17　施工升降机安装防护围栏现场图片

（a）未安装防护围栏；（b）防护围栏不符合规程要求

6. 吊篮

（1）吊篮工作绳与安全绳共用同一销轴，如图

7－18所示。

图7－18　吊篮工作绳与安全绳共用同一销轴现场图片

（2）吊篮安全锁不符合规程规范要求或已失效，如图7－19所示。

图7－19　吊篮安全锁不符合规程规范要求或已失效现场图片

(3) 吊篮未安装限位开关，如图 7-20 所示。

图 7-20 吊篮未安装限位开关现场图片

(4) 吊篮配重未按照要求固定牢固，如图 7-21 所示。

图 7-21 吊篮配重未按照要求固定牢固现场图片

第二节　事故案例介绍

案例一：塔式起重机安拆事故

（1）事故详情：2016年1月20日，某租赁公司在对宁波某工地1号塔机（型号为10CJ140，最大起重量为8t，起重臂长度为60m，已降至最低塔身高度）进行拆卸工作。上午8时，作业班长带领安拆人员进入现场，现场安全员对安拆人员进行了安全交底后，由作业班长看管并负责拆卸工作。8点20分左右，安全员接到现场作业班长的电话，此时现场完成起重臂第一节的拆卸工作并已安全吊放至地面。几分钟后安全员接到作业班长第二个电话，塔机倒塌出事，造成2人死亡2人受伤。

据了解，现场作业人员在未对塔机配重进行拆卸的情况下，依次拆卸图7－22中所示代号为JS115、JS125、JS140三节起重臂，在拆卸第四节JS151起重臂时导致塔机失衡倒塌。

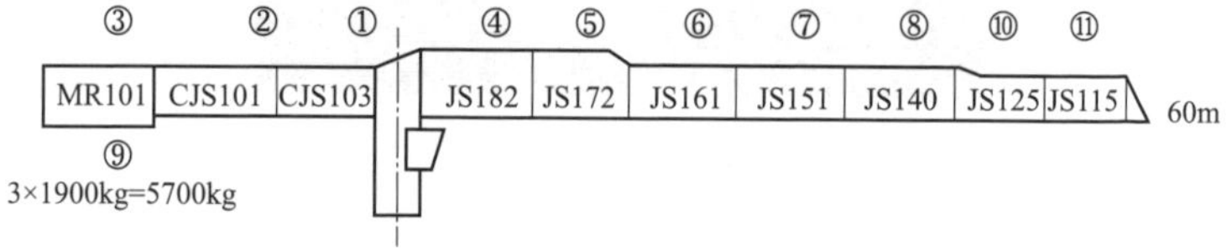

图7－22　臂架安装标示

根据10CJ140型平头式塔式起重机使用说明书第2部分安装拆卸的要求："严格按照规定顺序安装臂架；再确认所有配重均在位的前提下，才开始臂架和平衡臂的安装，尽量避免中断。""拆卸时顺序相反"。即安装时应依次按照①～⑪顺序；拆卸时顺序相反，依次按⑪～①照顺序拆卸。

（2）原因分析：

1）作业人员未按照施工方案进行作业，起重臂、配重拆卸顺序颠倒，致使塔顶结构杆件受到的载荷超过其极限强度而断裂，此为该事故发生的直接原因。

2）作业现场无专职安全员、技术员和现场负责人员，拆卸工序错误未及时发现，是该事故发生的间接原因之一。

3）作业人员贪图省事，嫌移动汽车起重机费时费力，现场作业凭经验施工，对塔机拆卸的危险性认识不足，甚至对拆卸顺序错误导致的严重后果毫无认识，安全意识极其淡薄；租赁公司对塔机安装拆卸施工中的习惯性违章视而不见，培训教育不重视；是该事故发生的间接原因之一。

4）总承包单位、监理公司现场旁站监督缺失，拆卸工序错误未及时发现，是该事故发生的间接原因之一。

（3）事故现场，见图 7－23。

图 7－23　塔式起重机安拆事故现场图

案例二：履带式起重机结构件断裂导致倾覆事故

（1）事故详情：2014 年 4 月 9 日清晨 5：05 左右，某建筑公司承建的杭州某地下商城（地下空间开发）标段一工程工地，发生一起 SCC3200 履带起重机在配合地下连续墙施工顶拔反力箱过程中的起重臂坠落事故。向南坠落的起重臂摔出工地围墙横跨市政道路。起重臂坠落过程中压跨边上作业的一挖掘机、压倒顶升反力箱用千斤顶，造成一地面作业人员死亡，市政道路交通中断 5h。

事故调查后发现，起重机左侧拉杆拉管下街头焊缝热影响区处发生断裂，是导致本次事故发生的根本原因。

（2）原因分析：

1）施工组现场在未有效交流、沟通下，违章施工、操作事故起重机。

2）履带起重机违章起拔反力箱，产生远超过额定起重量71.2t的载荷，拉管接头处被拉断，引发起重臂下坠。

3）履带起重机力矩限制器维护检查不到位，超载保护功能失效，失去超载限制作用。

4）现场无起重指挥，司机安全意识不强。

5）租赁单位、施工单位管理不善，无专业人员管理，设备维护保养不到位。

（3）事故现场，见图7-24。

图7-24　履带式起重机结构件断裂导致倾覆事故现场图

案例三：履带式起重机因大风倾覆事故

（1）事故详情：2015年9月11日下午，位于沙特阿拉伯麦加的大清真寺发生一起履带起重机倾翻事故，事故造成多达107人死亡，230多人受伤，该事故是目前全球起重机倾翻中伤亡最为惨重的事故。

根据利勃海尔起重机专家调查结果，此起重机平常仅偶尔用于一些吊装工作，事故发生之前，起重机停置在大清真寺庙外并未施工，起重臂长（高）约190m。2015年9月11日下午，根据CNN气象观测，当地天气有强雷雨并伴随着沙尘暴，气温骤降20℃，起重机附近风速已达105km/h，导致起重机被大风刮倒后倾。

（2）原因分析：利勃海尔LR11350的操作规程和相关风速图均已说明了起重机无法承受如此强风载荷，施工方事先应采取措施，及时将起重臂降下以避免造成起重机倾倒。同时，这次麦加的利勃海尔起重机事故造成的悲剧为其他的起重机操作手再次敲醒警钟，大风对起重机安全影响重大，操作人员必须无条件的遵从操作规程上的相关规定。

（3）事故现场，见图7-25。

图7-25　履带式起重机因大风倾覆事故现场图

案例四：履带式起重机路基塌陷导致倾覆事故

（1）事故详情：2015 年 7 月 18 日，某机械设备租赁有限公司的 QUY650 履带起重机在山东某市施工工地上进行设备吊装作业时，发生折臂事故，造成 5 人死亡，4 人受伤。

（2）原因分析：因司机违反产品使用说明书和操作规程要求，超载并吊物行走，且路基宽度不符合起重机说明书要求，在行走过程中因左侧路基发生塌陷，对履带起重机主臂产生侧向力，致使起重机主臂断裂。

（3）事故现场，见图 7－26。

图 7－26　履带式起重机路基塌陷导致倾覆事故现场图

案例五：汽车起重机倾翻事故

（1）事故详情：2017年7月11日，揭阳市某路段一辆在路边施工的大型汽车起重机发生倾翻，起重臂砸中一路过面包车，造成8人死亡，2人受伤。

（2）原因分析：

1）装卸打桩机时，35t汽车起重机司机陶某严重违反《起重机械安全规程　第1部分：总则》（GB/T 6067.1—2010），未按起重机的设置要求，未考虑现场相邻市政道路的危险因素，未预估倾覆危险一旦发生，起重臂将覆盖到公共交通区域，错误选择在市政道路非机动车道上作业及起重臂作业朝向市政道路。

2）在起重操作前汽车起重机安全检查中发现显示重量、幅度的显示屏电脑线断了尚未修复，司机仍继续作业。

3）作业中汽车起重机力矩超载，造成整车倾覆，导致起重臂下落，砸中市政道路正常行驶中的一辆面包车，最终酿成较大事故。

（3）汽车起重机典型隐患：

1）多次发现汽车起重机解除安全装置；

2）机身上规格型号（吨位）、铭牌、司机室性能三者不一致；

3）安全装置缺少；

4）主副起升机构钢丝绳排列不整齐，钢丝绳末端固定不正确，开工销用铁丝替代；

5）汽车起重机和履带起重机检验报告造假情况；

6）操作工注意力不集中（戴耳机听音乐、看电影等行为）。

案例六：汽车起重机侧倾事故

（1）事故详情：2017年9月16日，新能源工程公司某风电项目发生一起汽车吊侧翻事故，造成一人死亡。

现场由70t汽车起重机对500t履带起重机的配重块进行安装，汽车起重机从平板车卸下配重并安装到履带起重机上，事故发生前已完成3车次12块配重块的卸车，正在进行第4车最后2块配重块吊装时，因司机违反向左转杆指令，自行向右侧转杆的过程中，导致整车失稳发生侧翻。

（2）原因分析：因司机违反QY70K－Ⅰ型汽车起重机操作说明中“360°回转前必须支好第五条腿，否则不允许在前方区域作业”的要求，在未支撑第五条腿的情况下，操作吊车向右侧转臂，使重物进入前方区域，导致起重机失稳。

案例七：施工升降机标准节螺栓脱落导致的倾翻事故

（1）事故详情：2012年9月13日，武汉市某建筑工地，发生一起施工升降机（型号为SCD200/200）坠落事故，事故造成19人死亡的重大建筑施工事故，直接经济损失约1800万元。

事故发生时，施工升降机导轨架第66节和67节标准节连接处的4个连接螺栓只有左侧两个螺栓有效连接，而右侧（受力边）两个螺栓的螺母脱落无法受力。在此工况下，事故升降机左侧吊笼超过备案额定承载人数（12人），承载19人和约245公斤物件。当升降机上升至第66节标准节上部（33楼顶部）接近平台位置时，产生的倾翻力矩大于对重体、导轨架等固有的平衡力矩，造成事故施工升降机左侧吊笼顷刻倾翻，并连同67—70节标准节坠落地面。

（2）原因分析：

1）事故升降机操作人员使用伪造的“建筑施工特种作业操作资格证”。

2）施工升降机安装使用的安全生产检查和隐患排查流于形式，未能及时发现和整改事故施工升降机存在的重大安全隐患，施工升降机加节后的验收、使用检查和维护保养不到位。

3）施工单位安全生产主体责任不落实，现场管理混乱；安全培训教育不到位，企业主要负责人、项目主要负责人、专职安全生产管理人员和特种作业人员等安全意识薄弱；起重机械安装、维护制度不健全、不落实，施工升降机加节和附着安装不规范，安装、维护记录不全不实。

案例八：施工升降机坠落事故

（1）事故详情：2008 年 10 月 30 日福建一建筑工地发生施工升降机坠落事故，致使 12 名工人遇难。

事发当天，施工班长带着 11 名工人乘坐施工升降机在 3 号楼 24 层安装模板，当升降机上升到 24 层时，升降机上方的导轨架上部突然发生松动并逐渐向右倾斜，而后导轨架发生断裂。

（2）原因分析：因施工现场起重设备管理缺位，施工升降机日常检查、维护、保养严重不到位。在施工升降机第 42、43 节标准节间西侧，两连接螺栓紧固螺母脱落的情况下，载人吊笼上行至第 44、45 节标准节时，倾覆力矩大于稳定力矩，致使第 42 节以上四节标准节倾倒，吊笼坠落。

（3）事故现场，见图 7－27。

图 7-27　施工升降机坠落事故

附录A 起重机械安装、拆卸前产品技术资料和相关证明报审表

No：　　　　　　　　　　　　　　　　　　日期：____年____月____日

机械名称		型号	
出厂编号		制造单位	
出厂日期		安装单位	
额定起重量		安装地点	

序号	报审项目	专业管理单位/分包/租赁单位自查	项目机械设备管理部门审查	
			审查意见（符合与否）	不符合原因
1	出厂合格证、制造许可证			
2	塔式起重机和施工升降机已使用年限[①]			
3	安装拆卸、维修和使用说明书			
4	安装前告知、监督检验受理完成			
5	安装拆卸单位资质[②]			
6	安装拆卸人员资质[③]			
7	起重机械安装或拆卸专项施工方案经过编审批			
8	起重机械安装前部件检查已完成			

续表

序号	报审项目	专业管理单位/分包/租赁单位自查	项目机械设备管理部门审查	
			审查意见（符合与否）	不符合原因
9	专业技术人员和专职安全管理人员已经到位④			
10	安全技术操作规程、班前保养检查表、交接班制度			
11	使用登记证（产权备案证明）⑤			
报审结论				
专业管理单位/分包/租赁单位机械管理员			项目机械管理员	

注 本表适合于大型起重机械安装、拆卸前的产品技术资料和相关证明报审。

① 租赁机械和分包自带机械的额定起重力矩小于等于 140t·m 塔式起重机和施工升降机出厂时间超过 6 年的严禁进入施工现场。

② 属于国家市场监督管理局监管的起重机械要持国家市场监督管理总局颁发的起重机械安装修理许可资质，指挥、司机要持特种设备作业人员资格证；房屋建筑工地和市政工程工地的建筑起重机械要持住建部颁发的起重设备安装专业承包企业资质，安装拆卸工、信号司索工、建筑电工、司机等要持建筑施工特种作业人员资格证。

③ 安装单位的专业技术人员、专职安全生产管理人员应当进行现场监督。

④ 根据国家质检总局 92 令《起重机械安全监察规定》流动作业的起重机械，在产权单位所在地的登记机关办理使用登记。

⑤ 报审时，要提供以上报审材料，并在项目机械管理部门备案。

附录B 起重机械安全技术检验报告

表 B－1 汽车起重机安全技术检验报告

No：　　　　　　　　　　　　　　　　日期：____年____月____日

项目		资产编号/车辆牌照	/
规格型号		制造单位	
额定起重量（t）		制造日期	
出厂编号		幅度（m）	

序号	检验项目及其内容		检验结果	结论
1	技术文件审查	厂家提供的使用维护说明书、合格证等制造相关资料		
		使用和维护保养记录完整		
		流动式起重机作业资格证、驾驶证、行驶证和年检证明齐全、有效		
2	作业环境和外观检查	司机室铭牌、机身型号、起重量性能表上最大额定起重量三者一致		
		安全技术操作规程、产品铭牌和润滑图表等置于司机室的显著部位		
		起重机械运动部分与建筑物、设施、输电线的安全距离符合标准规定		
		吊钩滑轮组侧板，回转尾部、平衡重和外伸支腿要有黄黑相间的危险部位安全标志		

续表

<table>
<tr><th>序号</th><th colspan="3">检验项目及其内容</th><th>检验结果</th><th>结论</th></tr>
<tr><td rowspan="3">3</td><td rowspan="3">司机室检查</td><td colspan="2">司机室配有灭火器和绝缘地板</td><td></td><td></td></tr>
<tr><td colspan="2">所有操纵手柄、踏板的上面或附近处均要有表明用途和操纵方向的标志</td><td></td><td></td></tr>
<tr><td colspan="2">司机室的固定连接牢固，无明显缺陷，在露天工作设置防风、防雨、防晒等防护装置</td><td></td><td></td></tr>
<tr><td rowspan="4">4</td><td rowspan="4">金属结构</td><td colspan="2">金属结构外观看无大面积锈蚀，腐蚀量符合要求</td><td></td><td></td></tr>
<tr><td colspan="2">金属结构的连接焊缝无明显可见的焊接缺陷；螺栓或销轴连接不得松动，不要有缺件、损坏等缺陷</td><td></td><td></td></tr>
<tr><td colspan="2">箱形式起重臂及支腿伸缩工作时不得有异常现象</td><td></td><td></td></tr>
<tr><td colspan="2">行驶状态时支腿的固定及作业时支腿的支承可靠</td><td></td><td></td></tr>
<tr><td rowspan="6">5</td><td rowspan="6">主要零部件</td><td rowspan="2">吊钩</td><td>防脱钩装置和吊钩吨位标记</td><td></td><td></td></tr>
<tr><td>不要有裂纹、剥裂等缺陷，存在缺陷不得焊补。危险断面磨损量符合要求</td><td></td><td></td></tr>
<tr><td rowspan="4">钢丝绳</td><td>起重机械采用的钢丝绳（直径 ϕ）与滑轮和卷筒匹配</td><td></td><td></td></tr>
<tr><td>断丝、磨损量、润滑符合要求</td><td></td><td></td></tr>
<tr><td>固定可靠（卷筒处及绳端）、绳卡符合要求</td><td></td><td></td></tr>
<tr><td>卷筒上钢丝绳安全圈数至少3圈</td><td></td><td></td></tr>
</table>

续表

序号	检验项目及其内容			检验结果	结论
5	主要零部件	滑轮	设置防脱槽装置且有效		
			转动良好，无裂纹、轮缘破损等损伤钢丝绳的缺陷，轮槽壁厚、底部磨损符合要求		
		卷筒	多层缠绕的卷筒，端部要有比最外层钢丝绳高出 2 倍钢丝绳直径的凸缘		
			卷筒壁不要有裂纹或过度磨损		
		减速器	地脚螺栓、壳体连接螺栓不得松动，螺栓不得缺损		
			工作时无异常声响、振动、发热和漏油		
		开式齿轮	齿轮啮合要平稳，无裂纹、断齿和过度磨损		
		制动器	制动器的零部件无裂纹、过度磨损、塑性变形、缺件等缺陷		
			制动器调整适宜、制动平稳可靠		
6	安全保护和防护装置检查	起升高度限位器	有起升高度限位器且有效		
		力矩限制器	要装设力矩限制器，且有效		
		起重量指示器	要装起重量指示器，且显示准确		
		联锁保护	起升和起重臂伸缩联锁保护有效		

续表

序号	检验项目及其内容			检验结果	结论
6	安全保护和防护装置检查	仰角指示器	有仰角指示器且指示准确		
		水平仪	要装设水平仪，且完好		
		防后倾装置	有效		
		防护罩	在正常工作情况下所有外露的可能发生危险的运动零件均要装设防护装置，制动器要装有防护罩		
		上车喇叭	有且有效		
7	液压系统	液压系统安全溢流阀压力调定			
		液压回路无漏油现象			
		平衡阀、液压锁与执行机构刚性连接			
		蓄能器的安全警示标志			
8	底盘部分	发动机安装牢固可靠、运转平稳无异响，燃油、机油、冷却水位正常			
		转向系统、制动系统灵活、安全、可靠			
		轮胎无损坏、轮胎气压符合要求			
		转向轴万向节、钢板弹簧、轮毂等螺栓紧固可靠、钢板弹簧无断裂			
		各种仪表、灯光照明、信号、雨刮器等工作正常			
9	空载试验	检查各机构运转是否正常，制动是否可靠； 检查操纵系统、电气控制系统和各种指示是否能正常工作； 检查各种安全装置工作是否可靠有效			

续表

序号	整改内容	期限	整改负责人（签字）
1			
2			
3			
4			

使用单位专业技术人员自检结论：

签名及日期：

使用单位起重机械安全管理人员或负责人复检结论：

签名及日期：

工程项目部验收意见：

签名及日期：

注 1. 本报告适合项目汽车起重机自检用。

2. 负责本起重机检验的项目部审核人员要具备企业内部起重机械检验资格。

3. 本报告由项目工程管理部或汽车起重机专业管理单位留存，以备待查。

4. 本检验报告书主要参照 TSG Q7015—2016《起重机械定期检验规则》编制。

表 B－2　塔式起重机安全技术检验报告

No：　　　　　　　　　　　　　　　　日期：____年____月____日

自检类别：□安装监督检验自检　　　　□定期检验自检
□重大修理、改造后自检　　　□年度全面检查

设备类型		设备品种	
资产编号		注册代码	
型号规格		产品编号	
使用单位		制造日期	
施工单位		制造单位	
起重力矩（t·m）		使用登记证编号	
最大额定起重量及对应钢丝绳倍率、幅度（t、倍率、m）			
最大起升高度（m）		幅度范围（m）	
主/副起升速度（m/min）		变幅方式	
塔身高度/自由端高度（m）		标准节（筒体）数量	
起重臂长（m）		平衡重吨位（t）	
附着数量		各层附着位置	
施工告知日期		安装地点	
监检申请反馈日期		自检时间	

序号	自检内容与要求		检验结果	结论
1	1 技术文件审查	1.1 提供制造单位制造期间有效的制造许可证、产品质量合格证明、安装使用维护说明书、型式试验合格证明等产品技术资料		

续表

序号	自检内容与要求		检验结果	结论
2	1 技术文件审查	1.2 安装单位要提供： (1) 安装维修许可证（复印件）、安装维修告知书。 (2) 施工合同、施工方案（含施工计划、施工质量计划）。 (3) 轨道及基础验收合格证明。 (4) 起重机预期用途和预期工作环境说明。 (5) 施工过程记录和自检报告。 (6) 现场施工的项目负责人、质量保证体系责任人员任命文件、专业技术人员、技术工人名单和特种设备作业人员资格证		
3		1.3 提供技术资料、上次检验报告、使用登记证、使用记录等安全技术档案（包括日常使用状况、维保、修理和自检、运行故障和事故等记录）		
4	2 安装改造修理资格自查	2.1 自查安装改造修理许可证明、告知书符合要求，监督检验已受理		
5		2.2 自查现场安装改造修理作业人员的资格证书符合要求		
6		2.3 自查主要受力结构件的现场分段组装（焊接）的焊接作业人员（焊工）资格证件符合要求		
7	3 施工作业（工艺）资料自查	自查施工作业（工艺）文件，包括作业程序、技术要求、方法和措施等经安装单位负责人批准		

续表

序号	自检内容与要求		检验结果	结论
8	4 作业环境、基础及外观检查	4.1 起重机明显部位标注的额定起重量、起重力矩标志以及安全标志清晰，符合规定		
9		4.2 安装基础验收合格，并经过盖章确认；或起重机轨道无明显松动和影响其安全运行的明显缺陷		
10		4.3 安全距离：起重机运动部分与建筑物、设施、输电线的安全距离符合 GB 6067.1—2010《起重机械安全规程　第 1 部分：总则》中 10.2 和 15.3 的要求；并塔机尾部与周围建筑物及外围施工设施之间的最小距离不小于 0.6m；两台塔机之间的最小架设距离要保证处于低位的塔机的起重臂端部与另一台塔机的塔身之间至少有 2m 的距离；处于高位塔机的最低位置的部件（吊钩升至最高点或平衡重的最低部位）与低位塔机中处于最高位置部件之间的垂直距离不小于 2m；有架空输电线的场合，塔机的任何部位与输电线的安全距离，要符合 GB 5144—2006《塔式起重机安全规程》的规定；起重机与周围办公室保持合适距离，临时建筑严禁设置在起重机械安装、使用和拆卸期间倒塌覆盖的范围内		
11		4.4 检查通向起重机通道、起重机上的通道、平台、梯子、栏杆符合 GB 6067.1—2010 中 3.6～3.8 的要求		

续表

序号	自检内容与要求		检验结果	结论
12	5　部件施工前检查	5.1 对出厂产品、改造和修理用的材料、零部件等检查确认		
13		5.2 审查产品主要配套件的合格证明和铭牌		
14		5.3 安全保护装置合格证、铭牌、型式试验证		
15		5.4 主要受力结构件主要几何尺寸的检查		
16		5.5 主要受力结构件分段制造现场组装的检查记录、无损检测报告		
17	6　部件施工过程与施工后检查	6.1 主要受力结构件连接（焊接、螺栓、销轴等）的检查		
18		6.2 主要受力结构件的主要几何尺寸施工检查		
19		6.3 钢丝绳及其连接、吊具、滑轮、开式齿轮、车轮、卷筒等施工检查		
20		6.4 配重、压重数量和吨位符合使用说明书要求的检查		
21		6.5 主要受力结构件分段制造现场组装的检查记录、无损检测报告		
22	7　金属结构检查	7.1 主要受力构件（如预埋件、塔身、套架、上下支座、回转支承、塔头、平衡臂、起重臂、附着装置、回转平台、A 字架等）无明显可见的裂纹		

续表

<table>
<tr><th>序号</th><th colspan="3">自检内容与要求</th><th>检验结果</th><th>结论</th></tr>
<tr><td>23</td><td rowspan="2">7 金属结构检查</td><td colspan="2">7.2 主要受力结构件断面有效厚度不低于设计厚度的 90%</td><td></td><td></td></tr>
<tr><td>24</td><td colspan="2">7.3 螺栓和销轴等连接无明显松动、缺件、损坏等缺陷</td><td></td><td></td></tr>
<tr><td>25</td><td rowspan="4">8 主要零部件检查</td><td colspan="2">8.1 一般要求：对起重机的主要零部件，除按照有关安全技术规范及相关标准检查磨损、变形、缺损情况，并判断是否可继续使用外，对吊具、钢丝绳、滑轮等还应当检查是否满足本报告书 8.2～8.4 的要求</td><td></td><td></td></tr>
<tr><td>26</td><td colspan="2">8.2 吊具：
（1）吊钩、横梁等吊具悬挂牢固可靠。
（2）吊钩设置防脱钩装置，吊钩不应当焊补</td><td></td><td></td></tr>
<tr><td>27</td><td>8.3 钢丝绳：
（1）钢丝绳配置：采用的钢丝绳与滑轮和卷筒相匹配。</td><td>主 ϕ：__mm
副 ϕ：__mm
变幅 ϕ：__mm</td><td></td><td></td></tr>
<tr><td>28</td><td colspan="2">（2）钢丝绳固定。使吊具处于最低工作位置，检查钢丝绳的绳端固定和保留圈数。要符合下列要求：
1）钢丝绳绳端固定牢固、可靠；采用压板固定的，压板不少于 2 个。
2）吊具处于最低工作位置时，除固定钢丝绳的圈数外，卷筒上至少有 3 圈钢丝绳作为安全圈。
3）卷筒上的绳端固定装置有防松或者自</td><td></td><td></td></tr>
</table>

续表

序号	自检内容与要求		检验结果	结论
28	8 主要零部件检查	紧的性能；用金属压制接头固定时，接头无裂纹；用楔块固定时，楔套无裂纹，楔块无松动；用绳夹固定时，绳夹安装正确，绳夹数满足 GB 6067.1—2010《起重机械安全规程 第 1 部分：总则》的要求（绳夹压板应当在钢丝绳长头一边，绳夹间距等于 6～7 倍钢丝绳直径）。 （3）钢丝绳要润滑良好，不应与金属结构摩擦。 （4）钢丝绳不要有扭结、压扁、弯折、断股、笼状畸变、断芯等变形现象；钢丝绳检查和报废判定时还要符合 GB/T 5972—2016《起重机 钢丝绳 保养、维护、检验和报废》		
29		8.4 导绳器：配备有导绳装置的卷筒在整个工作范围内有效排绳，无卡阻现象		
30		8.5 滑轮： （1）滑轮转动良好，未出现达到报废标准的磨损、变形、缺损。 （2）要有防止钢丝绳脱槽的装置，且可靠有效		
31		8.6 减速器： （1）地脚螺栓、壳体连接螺栓不得松动，不得有缺损。 （2）工作时要无异常声响、振动、发热和漏油		

续表

序号	自检内容与要求		检验结果	结论
32	8　主要零部件检查	8.7 开式齿轮：齿轮啮合要平稳，无裂纹、断齿和过度磨损		
33		8.8 车轮未出现达到报废标准的磨损、缺损		
34		8.9 联轴器：零件无缺损，连接无松动，运转时无剧烈撞击声		
35		8.10 卷筒： （1）多层缠绕的卷筒，端部要有比最外层钢丝绳高出 2 倍钢丝绳直径的凸缘。 （2）卷筒壁不要有裂纹或过度磨损		
36	9　安全保护和防护装置	9.1 制动器： 9.1.1 制动器设置与控制。 （1）检查动力驱动的起重机（液压缸驱动的除外），其起升、变幅、运行、回转机构均装设可靠的制动装置。当机构要求具有载荷支持作用时，要装设机械常闭式制动器。 （2）制动器的控制是否符合 GB/T 3811—2008《起重机械设计规范》中 7.5.6 的要求		
37		9.1.2 制动器零件检查。 （1）制动器的零件无裂纹、过度磨损（摩擦片磨损达原厚度的 50%或者露出铆钉）、塑性变形、缺件等缺陷，液压制动器无漏油现象。 （2）制动器打开时制动轮与摩擦片无摩擦现象，制动器闭合时制动轮与摩擦片接触均匀，无影响制动性能的缺陷和油污。 （3）制动器的推动器无漏油现象		

续表

序号	自检内容与要求		检验结果	结论
38	9 安全保护和防护装置	9.2 起升高度（下降深度）限位器：起升机构均要装设起升高度限位器，当取物装置上升到设计规定的上极限位置时，要能立即切断起升动力源，并在此极限上方留有足够的空余高度，以适应上升制动行程的要求。当吊具起升（下降）到极限位置时，是否能够自动切断动力源。上述运动方向的电源切断后，仍可进行相反方向运动（第二级起升高度限位器除外）		
39		9.3 行走限位装置：轨道式塔机行走机构要在每个运行方向设置行程限位开关，在达到设计规定的极限位置时自动切断前进方向的动力源		
40		9.4 起重量限制器： （1）均要装设起重量限制器。 （2）定检自检：未被短接。 （3）安装自检：①起升额定载荷，以额定速度起升、下降，全过程中正常制动 3 次，起重量限制器不动作；当实际起重量超过 90%额定起重量时，起重量限制器宜发出报警信号。②保持载荷离地面 100～200mm，当实际起重量达到额定起重量时，要发出超载报警信号，并切断上升方向动作，但是机构可以做下降方向的运动		
41		9.5 起重力矩限制器： （1）当起重力矩达到 1.05 倍的额定值时，要能够切断上升和幅度增大方向的动力源，		

续表

序号	自检内容与要求		检验结果	结论
41	9　安全保护和防护装置	但是机构可以做下降和减小幅度方向的运动。 （2）力矩限制器控制定码变幅的触点或控制定幅变码的触点要分别设置，且能分别调整。 （3）对小车变幅塔机，其最大变幅速度超过 40m/min，在小车向外运行，且起重力矩达到额定值的 80%时，变幅速度要能自动转换为不大于 40m/min 的速度运行		
42		9.6 抗风防滑装置（适用于露天工作的轨道式起重机械）： （1）按规定设置抗风防滑装置，并符合 GB 6067.1—2010 中 9.4.1 的要求。 （2）动作试验，符合下列要求则判定为合格：进行动作试验，检查钳口夹紧情况、锚定的可靠性以及电气保护装置的工作状况，其顶轨器、夹轨器、楔块式防爬器、自锁式防滑动装置功能动作。 （3）检查零件无缺损		
43		9.7 防碰撞装置：当两台或者两台以上的起重机械运行在同一轨道上，或者不在同一轨道且有碰撞可能时，要装设防碰撞装置		
44		9.8 报警装置： （1）起重机上设置蜂鸣器、闪光灯等作业报警装置。 （2）当达到额定起重力矩（额定起重量）		

续表

序号	自检内容与要求		检验结果	结论
44	9 安全保护和防护装置	90%以上时，装置要能向司机发出断续的声光报警。在塔机达到额定起重力矩（额定起重量）的 100%以上时，装置要能发出连续清晰的声光报警，且只有在降低到额定工作能力 100%以内时报警才能停止		
45		9.9 缓冲器和端部止挡： （1）在轨道上运行的起重机的运行机构、起重小车的运行机构等装设缓冲器或者缓冲装置（缓冲器或者缓冲装置可以安装在起重机上或者轨道端部止挡装置上）。 （2）轨道端部止挡装置牢固可靠，能防止起重机脱轨		
46		9.10 紧（要）急停止开关：紧（要）急停止开关能切断起重机械动力电源，并且不能自动复位，并装设在司机操作方便的地方		
47		9.11 轨道清扫器：当物料有可能积存在轨道上成为运行的障碍时，在轨道上行驶的起重机和起重小车，在台车架（或者端梁）下面和小车架下面装设轨道清扫器，扫轨板底面与轨道顶面之间的间隙不大于 10mm		
48		9.12 风速仪：起升高度大于 50m 时的露天工作的起重机要安装风速仪，并安装在起重机上部迎风处		
49		9.13 防护罩、防护栏：起重机械上外露的有可能伤人的运动零部件防护罩、防护栏，露天作业的起重机械的电气设备防雨罩等齐全		

续表

序号	自检内容与要求		检验结果	结论
50	9 安全保护和防护装置	9.14 防止臂架向后倾翻装置：检查存在后倾翻可能的臂架俯仰变幅机构起重机，装设防止臂架后倾装置，以保证当变幅机构的行程开关失灵时，能阻止臂架向后倾翻		
51		9.15 回转限位装置：检查起重机回转机构是否安装回转角度限位装置		
52		9.16 幅度限位器： （1）检查动臂变幅的起重机，在臂架俯仰行程的极限位置处设置臂架低位置和高位置的幅度限位器。 （2）检查小车变幅的塔式起重机，设置小车行程限位开关和终端缓冲装置，限位开关动作后是否能够保证小车停车时其端部距缓冲装置最小距离要不小于200mm		
53		9.17 防小车坠落保护（小车断轴保护装置）：检查塔式起重机的变幅小车设置了当轮轴断裂时，能防止小车坠落的保护装置		
54		9.18 断绳保护装置：小车变幅塔机，变幅的双向均要设置小车断绳保护装置		
55		9.19 顶升横梁防脱功能：自升式塔机要具有防止塔身在正常加节、降节作业时，顶升横梁从塔身支承中自行脱出的功能		
56		9.20 红色障碍灯：总高大于30m的室外起重机，在周围无高于起重机顶尖的建筑物等设施、有可能相碰撞或者有可能成为飞机起落飞行的危险障碍时，要设置红色障碍灯，且有效，其电源不受停机影响而断电		

续表

序号	自检内容与要求		检验结果	结论
57	9 安全保护和防护装置	9.21 幅度指示牌：无幅度显示装置的塔机按规定安装幅度指示牌		
58		9.22 安全扶手或安全扶手绳：起重臂上要设置扶手或安全扶手绳		
59	10 液压系统检查	10.1 平衡阀和液压锁与执行机构连接：平衡阀和液压锁与执行机构是刚性连接		
60		10.2 液压回路无漏油现象		
61		10.3 液压缸安全限位装置、防爆阀（截止阀）液压缸安全限位装置、防爆阀（或者截止阀）无损坏		
62	11 司机室检查	11.1 灭火器、绝缘地板、标志：司机室配有灭火器和绝缘地板，各操作装置标志完好、醒目		
63		11.2 固定牢固，无明显缺陷，在露天工作设置防风、防雨、防晒等防护装置		
64	12 电气检查	12.1 电气设备：电气设备功能有效		
65		12.2 电动机的保护：检查电动机是否具有如下一种以上（含一种）的保护功能（电动葫芦除外），具体选用是否按照电动机及其控制方式确定： （1）瞬动或者反时限动作的过电流保护，其瞬时动作电流整定值应当约为电动机最大启动电流的 1.25 倍。 （2）在电动机内设置热传感元件。 （3）热过载保护		

续表

序号	自检内容与要求		检验结果	结论
66	12 电气检查	12.3 线路保护：检查所有外部线路是否均具有短路或者接地引起的过电流保护功能		
67		12.4 错相和缺相保护：当错相和缺相会引起危险时，装设错相和缺相保护		
68		12.5 零位保护（机构运行采用自动复位按钮控制的除外）：检查是否开始运转和失压后恢复供电时，必须先将控制器手柄置于零位后，该机构或者所有机构的电动机才能启动		
69		12.6 失压保护：检查当起重机械供电电源中断后，凡涉及安全或者不宜自动开启的用电设备是否均处于断电状态，避免恢复供电后用电设备自动运行		
70		12.7 电动机定子异常失电保护：对于发生事故后可能造成重大危险或者损失的起重机械起升机构，检查电动机是否设置定子异常失电保护功能，当调速装置或者正反向接触器故障导致电动机失控时，制动器是否能够立即上闸		
71		12.8 超速保护装置：采用晶闸管定子调压、涡流制动器、能耗制动、晶闸管供电、直流机组供电调速及其他由于调速可能造成超速的起重机起升机构应当设置超速保护		

续表

序号	自检内容与要求			检验结果	结论
72	12 电气检查	12.9 接地： 12.9.1 电气设备接地。 （1）电气设备正常情况下不带电的外露可导电部分直接与供电电源保护接地线连接。 （2）所有电气设备外壳、金属导线管、金属支架及金属线槽均根据配电网情况进行可靠接地（保护接地或者保护接零）			
73		12.9.2 金属结构接地	（1）接地线。 1）检查是否设置专用接地线，金属结构的连接有非焊接处，是否采用另装设接地干线或者跨接线的处理。 2）检查是否按照规定禁用金属结构和接地作为载流中性线（电气系统电压为安全电压除外）		
74			（2）接地电阻。 采用接地电阻测量仪测量起重机械接地电阻。测量重复接地电阻时，把 PE 线从接地装置上断开，检查是否符合以下要求： 1）采用 TN 接地系统时，PE 线重复接地每一处的接地电阻不大于 10Ω（测量时把接地线从重复接地体上断开）。 2）采用 TT 接地系统时，起重机设置漏电保护装置。电气设备的外露可导电部分（电源保护接地线）的接地电阻不大于 4Ω。 3）采用 IT 接地系统时，起重机电气设备的外露可导电部分（电源保护接地线）的接地电阻不大于 4Ω	接地电阻： __Ω	

续表

序号	自检内容与要求		检验结果	结论
75	12 电气检查	12.10 电气线路对地绝缘电阻： （1）额定电压不大于500V时，绝缘电阻不低于1.0MΩ；防爆起重机不低于1.5MΩ。 （2）绝缘起重机械的绝缘电阻均不低于1.0MΩ	__MΩ	
76		12.11 照明： （1）检查司机室、通道、电气室、机房等，其可移动式照明是否是安全电压，必要时进行测量并判定。 （2）禁用金属结构做照明线路的回路		
77		12.12 信号指示： （1）总电源开关状态在司机室内有明显的信号指示。 （2）起重机械有警示音响信号，并且在起重机械工作场地范围内能够清楚地听到		
78	13 安全监控管理系统检查	起重力矩为315t·m及以上的普通塔式起重机和起重力矩为1000t·m及以上的电站塔式起重机的安全监控管理系统要符合TSG Q7015—2016《起重机械定期检验规则》中C9和TSG Q7016—2016《起重机械安装改造重大修理监督检验规则》中C12的要求		
79	14 性能试验	详见附录表C-1塔式起重机载荷试验记录表		

续表

整改意见			
序号	整改内容	限期	整改负责人

安装单位专业技术人员自检结论：

签名及日期：

安装单位起重机械安全管理人员或负责人复检结论：

签名及日期：

工程项目部验收意见：

签名及日期：

注 1. 自检项目 1.2、2、3、5、6 仅适用于安装改造重大修理自检。
2. 各栏目应当填写齐全，对于不适用的项目，要在“检验结果”栏目中填写“—”。
3. 对于要求测试数据的项目，要在“检验结果”栏目中填写实际测量的数据。
4. 对于无量值要求的定性项目，要在“检验结果”栏目中做简要说明。如：合格的项目，填写“符合”“有效”“完好”；不合格的项目，简要描述，填写“缺少……标志”“……损坏”等。
5. “结论”栏目中只填写“合格”“不合格”和“无此项”等单项结论。
6. 负责专业技术人员、复检人员、工程项目部审核人员要具备企业内部起重机械检验资格。

表 B-3　桥（门）式起重机安全技术检验报告

No：　　　　　　　　　　　　　　　　　　日期：____年____月____日

自检类别：□安装监督检验自检　　　　　　□定期检验自检
　　　　　□重大修理、改造后自检　　　　□年度全面检查

设备类型		设备品种	
资产编号		注册代码	
型号规格		产品编号	
使用单位		制造日期	
施工单位		制造单位	
额定起重量（t）		使用登记证编号	
提升高度（m）		额定乘员数（人）	
起升速度（m/min）		自由端高度（m）	
施工告知日期		安装地点	
监检申请反馈日期		自检时间	

序号	自检内容与要求		检验结果	结论
1	1 技术文件审查	1.1 提供制造单位制造期间有效的制造许可证、产品质量合格证明、安装使用维护说明书、型式试验合格证明等产品技术资料		
2		1.2 安装单位要提供： （1）安装维修许可证（复印件）、安装维修告知书。 （2）施工合同、施工方案（含施工计划、施工质量计划）		

续表

序号	自检内容与要求		检验结果	结论
2	1 技术文件审查	(3) 轨道及基础验收合格证明。 (4) 起重机预期用途和预期工作环境说明。 (5) 施工过程记录和自检报告。 (6) 现场施工的项目负责人、质量保证体系责任人员任命文件、专业技术人员、技术工人名单和特种设备作业人员资格证		
3		1.3 提供技术资料、上次检验报告、使用登记证、使用记录等安全技术档案（包括日常使用状况、维保、修理和自检、运行故障和事故等记录）		
4	2 安装改造修理资格自查	2.1 自查安装改造修理许可证明、告知书符合要求，监督检验已受理		
5		2.2 自查现场安装改造修理作业人员的资格证书符合要求		
6	3 施工作业（工艺）资料自查	自查施工作业（工艺）文件，包括作业程序、技术要求、方法和措施等经安装单位负责人批准		
7	4 作业环境、基础及外观检查	4.1 施工升降机的吊笼明显部位要设置产品铭牌		
8		4.2 吊笼明显部位标注的额定起重量标志和安全检验合格标志清晰，符合规定		
9		4.3 安全距离：起重机运动部分与建筑物、设施、输电线的安全距离符合 GB 6067.1—		

续表

序号	自检内容与要求		检验结果	结论
9	4 作业环境、基础及外观检查	2010《起重机械安全规程 第1部分：总则》中10.2和15.3的要求；地面防护围栏要围成一周，高度要不小于2.0m；要设有围栏门，围栏门要视为层门；地面防护围栏及其关闭的门，除门下部间隙要不大于35mm，但其与正常作业时的升降机运动件的距离不小于0.85m（额定速度大于0.7m/s时）或0.5m（额定速度不大于0.7m/s时）时除外；升降机与周围办公室保持合适距离，临时建筑严禁设置在起重机械安装、使用和拆卸期间倒塌覆盖的范围内		
10		基础要满足使用说明书或专项施工方案的要求，有基础验收合格证明及隐蔽工程资料，基础混凝土强度报告		
11		基础及其周围要有排水设施，不得积水		
12	5 部件施工前检查	5.1对出厂产品、改造和修理用的材料、零部件等检查确认		
13		5.2审查产品主要配套件的合格证明和铭牌		
14		5.3安全保护装置合格证、铭牌、型式试验证明		
15		5.4主要受力结构件主要几何尺寸的检查		
16	6 部件施工过程与施工后检查	6.1主要受力结构件连接（焊接、螺栓、销轴等）的检查		
17		6.2主要受力结构件的主要几何尺寸施工检查		

续表

序号	自检内容与要求		检验结果	结论
18	6 部件施工过程与施工后检查	6.3 钢丝绳及其连接、滑轮、开式齿轮、车轮等施工检查		
19		6.4 对配重符合使用说明书要求的检查		
20	7 金属结构检查	7.1 主要受力构件（如导轨架、附墙架、吊笼、架设装置等）无明显可见的裂纹		
21		7.2 主要受力结构件断面有效厚度不低于设计厚度的90%		
22		7.3 结构件各连接螺栓要齐全、紧固，导轨架的连接螺栓一般宜从下向上穿且要方向一致；销轴连接要有保险销		
23		7.4 导轨架轴心线全高对底座水平基准面的安装垂直度公差值要符合施工升降机垂直度偏差的规定：	_mm	
24		（1）当导轨架的高度超过使用说明书规定的最大独立高度时，要设有附着装置；附墙架间距及附着距离要符合使用说明书的要求		
25		（2）附着装置以上的导轨架自由端高度不得超过使用说明书的要求	_节	
26		（3）要有防止吊笼驶出轨道的机械措施：导轨架顶部是否安装一节无齿条标准节以防吊笼冒顶		

续表

序号	自检内容与要求		检验结果	结论
27	8 主要零部件检查	8.1 一般要求：对起重机的主要零部件，除按照有关安全技术规范及相关标准检查磨损、变形、缺损情况，并判断是否可继续使用外，对钢丝绳、滑轮、传动系统、制动器、滚轮、背轮等还应当检查是否满足本报告书 8.2～8.5 的要求		
28		8.2 钢丝绳： （1）悬挂对重的钢丝绳不少于两根，且相互独立；每根钢丝绳的直径不小于 8mm，安全系数不小于 6；钢丝绳的规格型号要符合使用说明书的要求，且要正确穿绕；钢丝绳要润滑良好，与金属结构无摩擦。		
29		（2）钢丝绳绳端固定牢固、可靠，并要符合使用说明书要求。		
30		（3）钢丝绳不要有扭结、压扁、弯折、断股、笼状畸变、断芯等变形现象；钢丝绳检查和报废判定时还要符合 GB/T 5972—2016《起重机　钢丝绳　保养、维护、检验和报废》		
31		8.3 滑轮：滑轮转动要灵活、无裂纹、破损，滑轮表面光滑，无损伤钢丝绳的缺陷；要装设有效的防止钢丝绳脱槽的措施		
32		8.4 驱动系统： （1）传动系统旋转的零部件要有防护罩等安全防护设施。 （2）传动齿轮、防坠安全器的齿轮啮合时，接触长度沿齿高不得小于 10%，沿齿长不得小于 50%		

续表

序号	自检内容与要求		检验结果	结论
33	8　主要零部件检查	8.5 齿轮齿条： (1) 相邻两齿条的对接处沿齿高方向的阶差要小于等于 0.3mm，沿长度的齿差要小于等于 0.6mm。 (2) 齿条应 90%以上的计算宽度参与啮合，且与齿轮的啮合侧隙应为 0.2～0.5mm		
34		8.6 滚轮和背轮：滚轮连接及润滑良好，无明显侧倾偏摆；背轮安装要牢固，并要贴紧齿条背面，润滑要良好，无明显侧倾偏摆		
35	9　吊笼检查	9.1 吊笼内空净高度至少为 2.0m，吊笼要封顶，且在吊笼底部与顶板之间要有全高度立面（含门）围护；吊笼箱体要完好，无破损		
36		9.2 吊笼顶要抗滑且周围要设护栏，该护栏的高度不小于 1.1m，护栏的中间高度要设横杆，护脚板高度不小于 100mm，护栏与顶板边缘不要小于 100mm，护栏安装要牢固、可靠		
37		9.3 吊笼顶部要有紧急出口，并配有专用扶梯，出口门要装向外开启的活板门		
38		9.4 吊笼内要设有安全操作规程，操作开关及其他危险处要有醒目的安全警示标志		
39	10　层门及楼层平台	10.1 施工升降机各停层要设置层门和停层栏杆，层门及停层栏杆不要突出到吊笼的升降通道上。任何情况下层门开口净高度均不得小于 1.8m		

续表

序号	自检内容与要求		检验结果	结论
40	10 层门及楼层平台	10.2 层门的开关过程由吊笼内乘员操作，楼层内人员无法开启		
41		10.3 楼层平台搭设要牢固可靠，不要与施工升降机结构相连接		
42		10.4 楼层平台侧面防护装置与吊笼或层门之间任何开口的间距不要大于 150mm		
43		10.5 吊笼门框边缘与登机平台边缘之间的水平距离不要大于 50mm		
44		10.6 各楼层要设置楼层标识，夜间施工要有照明		
45		10.7 层铃按钮的安装要避免雨水淋湿，要有防雨措施		
46	11 对重	11.1 对重要根据有关要求涂成警告色		
47		11.2 对重导向装置要正确可靠，对重轨道要平直，接缝要平整，错位阶差不要大于 0.5mm		
48		11.3 要在吊笼和对重运行通道的最下方安装缓冲器		
49	12 安全保护和防护装置检查	12.1 制动器： （1）制动器要符合使用说明书的要求。		
50		（2）采用常闭式制动器，制动器动作要灵敏，工作要可靠。		
51		（3）每个制动器可手动释放，且需由恒力作用维持释放状态		

续表

序号	自检内容与要求		检验结果	结论
52	12 安全保护和防护装置检查	12.2 安全防坠器：安全防坠器连接要牢固、可靠，且要符合以下要求： （1）安全防坠器动作时，设在安全防坠器上的安全开关要将电动机和制动器电路断开。 （2）安全防坠器出厂后动作速度不得随意调整，铅封或漆封要完好无损，动作速度标定有效期限为1年。 （3）齿轮齿条式施工升降机每个吊笼必须设有渐进式安全防坠器，不允许采用瞬时式安全防坠器；安全防坠器在接高和拆卸过程中都要起作用		
53		12.3 超载保护装置： （1）超载检测要在吊笼静止时进行。 （2）超载保护装置要在载荷达到额定载重量的110%时中止吊笼启动，并给出清晰的报警信号		
54		12.4 基础围栏门安全装置：围栏门要装有机械锁紧和电气安全开关，使吊笼只有位于底部规定位置时围栏门才能打开，且在门开启后，吊笼不能启动		
55		12.5 限位装置： （1）须设置自动复位的上、下行程限位开关。 （2）上限位开关的安装位置：当提升速度小于0.8m/s时，上部安全距离 L_1 不得小于1.8m；当提升速度小于等于0.8m/s时，上部安全距离 $L_1=1.8+0.1v^2$（m）		

续表

序号	自检内容与要求		检验结果	结论
55	12 安全保护和防护装置检查	(3) 下限位开关的安装位置：要保证吊笼在额定载荷下降时触板触发下限位开关，使吊笼停止，此时触板离触发下极限开关还要有一定行程		
56		12.6 极限开关： (1) 须设置非自动复位型的极限开关，吊笼越程超过限位开关后，极限开关须切断总电源使吊笼停止。 (2) 上极限开关的安装位置：齿轮齿条式升降机与上限位开关的越程距离为 0.15m。 (3) 下极限位置的安装位置：在吊笼碰到缓冲器之前，触板要首先触发下极限开关		
57		12.7 安全钩：齿轮齿条式施工升降机吊笼要设有安全钩，要能防止吊笼脱离导轨架或防坠安全器输出端齿轮脱离齿条；最高一对安全钩要处于最低驱动齿轮之下，安全钩仍能使吊笼保持在导轨上		
58		12.8 缓冲器： (1) 升降机底座上要设置吊笼和对重用缓冲器。 (2) 当吊笼停在完全压缩的缓冲装置上时，对重上面的越程余量不得小于 0.5m		
59		12.9 钢丝绳防松弛装置： (1) 升降机的对重钢丝绳或提升钢丝绳的绳数不少于 2 条且相互独立时，在钢丝绳组的一端要设置张力均衡装置，并装有由相对伸长量控制的非自动复位防松绳保护开关。		

续表

序号	自检内容与要求		检验结果	结论
59	12 安全保护和防护装置检查	当其中一条钢丝绳出现的相对伸长量超过允许值时或断绳时，该开关要切断控制电路，吊笼停车。 (2) 对采用单根提升钢丝绳或对重钢丝绳出现松绳时，防松绳开关立即切断控制电路，制动器制动		
60		12.10 应急出口门的安全开关：封闭式吊笼顶部要有紧急出口，并配有专用扶梯。出口面积不要小于 0.4m×0.6m，出口要装有向外开启的活板门，并设有电气安全开关，当门打开时，吊笼不能启动		
61		12.11 吊笼门机械锁钩和电气安全装置：吊笼门要装机械锁钩，运行时不要自动打开，要设有电气安全开关；当门未完全关闭时，该开关要能有效切断控制回路电源，使吊笼停止或无法启动		
62	13 电气检查	13.1 电气设备：电气设备功能有效		
63		13.2 电动机的保护：检查电动机是否具有如下一种以上（含一种）的保护功能（电动葫芦除外），具体选用是否按照电动机及其控制方式确定： (1) 瞬动或者反时限动作的过电流保护，其瞬时动作电流整定值应当约为电动机最大启动电流的 1.25 倍； (2) 在电动机内设置热传感元件； (3) 热过载保护		

续表

序号	自检内容与要求		检验结果	结论
64	13 电气检查	13.3 线路保护：检查所有外部线路是否均具有短路或者接地引起的过电流保护功能		
65		13.4 错相和缺相保护：当错相和缺相会引起危险时，装设错相和缺相保护		
66		13.5 零位保护（机构运行采用自动复位按钮控制的除外）：检查是否开始运转和失电压后恢复供电时，必须先将控制器手柄置于零位后，该机构或者所有机构的电动机才能启动		
67		13.6 失电压保护：检查当起重机械供电电源中断后，凡涉及安全或者不宜自动开启的用电设备是否均处于断电状态，避免恢复供电后用电设备自动运行		
68		13.7 电动机定子异常失电保护：对于发生事故后可能造成重大危险或者损失的起重机械起升机构，检查电动机是否设置定子异常失电保护功能，当调速装置或者正反向接触器故障导致电动机失控时，制动器是否能够立即上闸		
69		13.8 超速保护装置：采用晶闸管定子调压、涡流制动器、能耗制动、晶闸管供电、直流机组供电调速及其他由于调速可能造成超速的起重机起升机构应当设置超速保护		

续表

<table>
<tr><th>序号</th><th colspan="3">自检内容与要求</th><th>检验结果</th><th>结论</th></tr>
<tr><td>70</td><td rowspan="3">13 电气检查</td><td colspan="2">13.9 接地
13.9.1 电气设备接地。
(1) 电气设备正常情况下不带电的外露可导电部分直接与供电电源保护接地线连接。
(2) 所有电气设备外壳、金属导线管、金属支架及金属线槽均根据配电网情况进行可靠接地（保护接地或者保护接零）</td><td></td><td></td></tr>
<tr><td>71</td><td rowspan="2">13.9.2 金属结构接地</td><td>(1) 接地线。
1) 检查是否设置专用接地线，金属结构的连接有非焊接处，是否采用另装设接地干线或者跨接线的处理。
2) 检查是否按照规定禁用金属结构和接地作为载流中性线（电气系统电压为安全电压除外）</td><td></td><td></td></tr>
<tr><td>72</td><td>(2) 接地电阻。采用接地电阻测量仪测量起重机械接地电阻。测量重复接地电阻时，把 PE 线从接地装置上断开，检查是否符合以下要求：
1) 采用 TN 接地系统时，PE 线重复接地每一处的接地电阻不大于 10Ω（测量时把接地线从重复接地体上断开）。
2) 采用 TT 接地系统时，起重机设置漏电保护装置。电气设备的外露可导电部分（电源保护接地线）的接地电阻不大于 4Ω。
3) 采用 IT 接地系统时，起重机电气设备的外露可导电部分（电源保护接地线）的接地电阻不大于 4Ω</td><td>__Ω</td><td></td></tr>
</table>

续表

序号	自检内容与要求		检验结果	结论
73	13 电气检查	13.10 电气线路对地绝缘电阻： （1）额定电压不大于500V时，绝缘电阻不低于1.0 MΩ；防爆起重机不低于1.5 MΩ。 （2）绝缘起重机械的绝缘电阻均不低于1.0MΩ	__MΩ	
74		13.11 照明： （1）检查司机室、通道、电气室、机房等，其可移动式照明是否是安全电压，必要时进行测量并判定。 （2）禁用金属结构做照明线路的回路		
75		13.12 信号指示： （1）总电源开关状态在司机室内有明显的信号指示。 （2）起重机械有警示音响信号，并且在起重机械工作场地范围内能够清楚地听到		
76	14 性能试验	详见附录C-2桥门式起重机载荷试验记录报告		

整改意见

序号	整改内容	限期	整改负责人

续表

安装单位专业技术人员自检结论：   签名及日期：
安装单位起重机械安全管理人员或负责人复检结论：   签名及日期：
工程项目部验收意见：   签名及日期：

注 1. 自检项目 1.2、2、3、5、6 仅适用于安装改造重大修理自检。

2. 各栏目应当填写齐全，对于不适用的项目，要在“检验结果”栏目中填写“—”。

3. 对于要求测试数据的项目，要在“检验结果”栏目中填写实际测量的数据。

4. 对于无量值要求的定性项目，要在“检验结果”栏目中做简要说明。如：合格的项目，填写“符合”“有效”“完好”；不合格的项目，简要描述，填写“缺少……标志”“……损坏”等。

5. “结论”栏目中只填写“合格”“不合格”和“无此项”等单项结论。

6. 负责专业技术人员、复检人员、工程项目部审核人员要具备企业内部起重机械检验资格。

表 B-4　履带起重机安全技术检验报告

No：　　　　　　　　　　　　　日期：____年____月____日

自检类别：□安装监督检验自检　　　　□定期检验自检

　　　　　□重大修理、改造后自检　　□年度全面检查

设备类型		设备品种	
资产编号		注册代码	
型号规格		产品编号	
使用单位		使用登记证编号	
施工单位		安装地点	
制造单位		工作级别	
最大额定起重量（t）		最大起重力矩（t·m）	
工作幅度（m）		起升高度（m）	
起升速度（m/min）		臂架组合形式	主臂__m、副臂__m、桅杆__m
钢丝绳直径	主/副起升：__mm；	主臂/副臂/超起桅杆变幅：11mm	
告知日期		申请检验日期	
申请检验日期		检验日期	

序号	检验内容及要求		检验结果	备注
1	1 技术资料审查	上次检验报告及使用登记证，以及使用记录（包括日常使用状况、维保、修理、自检、运行故障和事故等记录）是否齐全，是否存档保管		

续表

序号	检验内容及要求		检验结果	备注
2	2 作业环境和外观检查	2.1 起重量或者起重力矩标志：起重机械明显部位标注的额定起重量或者额定起重力矩标志是否清晰、符合规定		
3		2.2 安全距离：起重机运动部分与建筑物、设施、输电线的安全距离符合 GB 6067.1—2010《起重机械安全规程　第 1 部分：总则》中 10.2 和 15.3 的要求；起重机与周围办公室保持合适距离		
4	3 金属结构检查	主要受力构件（如履带架、回转平台、A 字架、主臂、副臂、超起桅杆等）无明显塑性变形		
5		金属结构的连接焊缝无明显可见的焊接缺陷，螺栓和销轴等连接无松动，无缺件、损坏等缺陷		
6		起重臂、拉索/拉板/拉管组合是否正确，拉索/拉板/拉管不要有裂纹、严重腐蚀、塑性变形等缺陷		
7	4 司机室检查	4.1 司机室配有灭火器和绝缘地板，各操作装置标志完好、醒目		
8		4.2 司机室的固定连接牢固，无明显缺陷。上车操纵室的门全开位置要有锁定装置，门要有锁，室内要有额定起重表，起升高度曲线标牌		

续表

序号	检验内容及要求		检验结果	备注
9	5 主要零部件检查	5.1 一般要求（磨损、变形、缺损、证明文件等）：对起重机的主要零部件（包括吊钩、钢丝绳、滑轮、制动器、开式齿轮、车轮、卷筒等），除按照有关安全技术规范及相关标准检查磨损、变形、缺损情况，并判断是否可继续使用外，对吊具、钢丝绳、滑轮等还应当检查是否满足本报告书5.2～5.6的要求		
10		5.2 吊具： (1) 吊具的悬挂：吊钩、横梁等吊具悬挂牢固可靠。		
11		(2) 吊钩要有额定起重量标记和防脱钩装置。		
12		(3) 吊钩不要有裂纹、剥裂等缺陷，存在缺陷不得焊补。吊钩危险面磨损量符合GB 10051—2010《起重吊钩》的要求。		
13		(4) 开口度增加量符合GB 10051—2010的要求		
14		5.3 钢丝绳： 5.3.1 钢丝绳配置。对照设计文件现场检查，检查起重机械采用的钢丝绳是否与滑轮和卷筒匹配（首次检验和新更换的钢丝绳时还要检查其出厂合格证明）		
15		5.3.2 钢丝绳固定。使吊具处于最低工作位置，检查钢丝绳的绳端固定和保留圈数。要符合下列要求：		

续表

序号	检验内容及要求		检验结果	备注
15	5 主要零部件检查	(1) 钢丝绳绳端固定牢固、可靠；采用压板固定的，压板不少于 2 个。 (2) 吊具处于最低工作位置时，除固定钢丝绳的圈数外，卷筒上至少有 3 圈钢丝绳作为安全圈。 (3) 卷筒上的绳端固定装置有防松或者自紧的性能；用金属压制接头固定时，接头无裂纹；用楔块固定时，楔套无裂纹，楔块无松动；用绳夹固定时，绳夹安装正确，绳夹数满足 GB 6067.1—2010《起重机械安全规程　第 1 部分：总则》的要求（绳夹压板应当在钢丝绳长头一边，绳夹间距等于 6～7 倍钢丝绳直径）		
16		5.3.3 钢丝绳要润滑良好，不要与金属结构摩擦		
17		5.3.4 钢丝绳不要有扭结、压扁、弯折、断股、笼状畸变、断芯等变形现象，钢丝绳检查和报废判定时还要符合 GB/T 5972—2016《起重机　钢丝绳　保养、维护、检验和报废》		
18		5.4 滑轮： 滑轮要转动良好，未出现达到报废标准的磨损、变形、缺损；要有防止钢丝绳脱槽的装置，且可靠有效		
19		5.5 卷筒： (1) 多层缠绕的卷筒，端部要有比最外层钢丝绳高出 2 倍钢丝绳直径的凸缘		

续表

序号	检验内容及要求		检验结果	备注
20	5　主要零部件检查	（2）卷筒壁不要有裂纹或过度磨损		
21		（3）卷筒以及机构固定可靠：固定螺栓无松动；连接销轴、保险销连接正常		
22		5.6 导绳器：检查配备有导绳装置的卷筒在整个工作范围内是否有效排绳，无卡阻现象		
23	6　安全保护和防护装置检查	6.1 制动器： 6.1.1 制动器设置与控制。 （1）检查动力驱动的起重机（液压缸驱动的除外），其起升、变幅、运行、回转机构是否均装设可靠的制动装置。当机构要求具有载荷支持作用时，是否装设机械常闭式制动器。 （2）制动器的控制是否符合 GB/T 3811—2008《起重机械设计规范》中 7.5.6 的要求		
24		6.1.2 制动器零件检查。 （1）制动器的零件无裂纹、过度磨损（摩擦片磨损达原厚度的 50%或者露出铆钉）、塑性变形、缺件等缺陷，液压制动器无漏油现象。		
25		（2）制动器打开时制动轮与摩擦片无摩擦现象，制动器闭合时制动轮与摩擦片接触均匀，无影响制动性能的缺陷和油污。		
26		（3）制动器的推动器无漏油现象		

续表

序号	检验内容及要求		检验结果	备注
27	6 安全保护和防护装置检查	6.2 起升高度（下降深度）限位器：结合空载试验进行动作试验，符合下列要求则判定为合格：起升机构均要装设起升高度限位器（用内燃机驱动，直接进行机械连接的起升机构，可以配备灯光或声响报警装置，以替代限位开关）。当取物装置上升到设计规定的上极限位置时，要能立即切断起升动力源，并在此极限上方留有足够的空余高度，以适应上升制动行程的要求。当吊具起升（下降）到极限位置时，是否能够自动切断动力源。上述运动方向的电源切断后，仍可进行相反方向运动（第二级起升高度限位器除外）		
28		6.3 起重量限制器： 6.3.1 均要装设起重量限制器		
29		6.3.2 首次检验时自检要求。对起重量限制器，保持载荷离地面 100～200mm，逐渐无冲击继续加载至 1.05 倍的额定起重量，检查是否切断上升方向动作，但机构允许下降方向的运动。 环链葫芦作为起升机构使用时，审查其出厂合格证明和型式试验证书		
30		6.3.3 定期检验时自检要求。检查是否设置起重量限制器、是否未被短接		
31		6.4 起重力矩限制器： 6.4.1 设置。检查额定起重量随工作幅度变化的起重机是否设置起重力矩限制器，并		

续表

序号	检验内容及要求		检验结果	备注
31	6　安全保护和防护装置检查	且按照 5.5.2 和 5.5.3 的要求进行检查、试验		
32		6.4.2 首次检验时自检要求。进行动作试验，检查当起重力矩达到 1.05 倍的额定值时，是否能够切断上升和幅度增大方向的动力源，并且保证机构允许下降和减小幅度方向的运动		
33		6.4.3 定期检验时自检要求。在用设备定期检验时，可不进行动作准确度的检验，但是应当进行是否动作的功能检查		
34		6.5 报警装置：检查起重机上是否设置蜂鸣器、闪光灯（三色指示灯）等作业报警装置		
35		6.6 紧（要）急停止开关：检查起重机械紧（要）急停止开关是否能够切断起重机械动力电源，并且不能自动复位，是否装设在司机操作方便的地方		
36		6.7 风速仪：检查起升高度大于 50m 的露天工作起重机是否安装风速仪，并且是否安装在起重机上部迎风处		
37		6.8 防护罩、防护栏、隔热装置：检查起重机械上外露的有可能伤人的运动零部件防护罩、防护栏，露天作业的起重机械的电气设备防雨罩等是否齐全		

续表

序号	检验内容及要求		检验结果	备注
38	6 安全保护和防护装置检查	6.9 防止臂架向后倾翻装置：检查存在后倾翻可能的臂架俯仰变幅机构（液压油缸变幅除外）起重机，是否装设防止臂架后倾装置，以保证当变幅机构的行程开关失灵时，能阻止臂架向后倾翻		
39		6.10 幅度限位器：检查动力驱动的动臂变幅的起重机（液压变幅除外），是否在臂架俯仰行程的极限位置处设置臂架低位置和高位置的幅度限位器		
40		6.11 幅度指示器：检查有变幅机构的起重机械，是否装设幅度指示器（或者臂架仰角指示器）		
41		6.12 水平仪：检查利用支腿支承或履带支承进行作业的起重机，装设的水平仪是否完好，用来检查起重机底座的倾斜程度		
42		6.13 支腿回缩锁定装置（铁路起重机除外）：检查利用支腿支撑作业的流动式起重机械，是否装设支腿回缩锁定装置		
43		6.14 回转锁定装置：检查流动式起重机的回转部分是否装设回转锁定装置		
44		6.15 过载解除开关或强制释放开关：检查过载解除开关或强制释放开关未被解除		
45	7 液压系统检查	（1）平衡阀和液压锁与执行机构采用刚性连接。		
46		（2）液压回路无漏油现象		

续表

序号	检验内容及要求		检验结果	备注
47	7　液压系统检查	（3）液压缸安全限位装置、防爆阀（截止阀）液压缸安全限位装置、防爆阀（或者截止阀）无损坏。		
48		（4）流动式起重机的变幅油缸和垂直支腿油缸无渗漏油现象		
49	8　电气检查	8.1 电气设备。检查电气设备与控制的操纵机构功能是否有效；所有操纵手柄、踏板的上面或附近处均要有表明用途和操纵方向的清楚标志		
50		8.2 总电源回路的短路保护：检查是否至少设置一级短路保护，自动断路器或者熔断器是否完好		
51		8.3 零位保护检查是否开始运转和失电压后恢复供电时，必须先将控制器手柄置于零位后，该机构或者所有机构的电动机才能启动		
52		8.4 失电压保护：检查当起重机械供电电源中断后，凡涉及安全或者不宜自动开启的用电设备是否均处于断电状态，避免恢复供电后用电设备自动运行		
53		8.5 电气线路对地绝缘电阻：额定电压不大于 500V 的绝缘电阻不低于 1.0 MΩ	__MΩ	
54		8.6 信号指示： （1）总电源开关状态的信号指示：起重机械总电源开关状态在司机室内有明显的信号指示		

续表

序号	检验内容及要求		检验结果	备注
55	8 电气检查	(2) 警示音响信号。起重机械有警示音响信号，并且在起重机械工作场地范围内能够清楚地听到		
56		8.7 按钮盘的控制电源： (1) 检查便携式（含地操、遥控）按钮盘的控制电源是否是安全电压（电压不要大于50V，以下同），按钮功能是否有效，必要时用电气仪表测量其电压。		
57		(2) 检查便携式地操按钮盘的控制电缆支承绳是否有效		
58	9 首检附加自检项目	产品技术文件： (1) 起重机械设计文件。起重机械设计文件（总图、主要受力结构件图、电气原理图、液压或者气动系统原理图）齐全，并且存档保管。		
59		(2) 产品技术资料、安全保护装置型式试验证明等。产品制造单位的制造许可证明或者《特种设备行政许可受理决定书》等相关证明、产品质量合格证明、安装使用维护说明书等随机资料，以及安全保护装置型式试验证明齐全，还应当形成自检记录		
60	10 安全监控管理系统检查	200t 以上履带起重机的安全监控管理系统要符合 TSG Q7015—2016《起重机械定期检验规则》中 C9 的要求		
61	11 性能试验	详见附录表 C－3 履带起重机试验记录报告		

续表

整改意见			
序号	整改内容	限期	整改负责人（签字）

安装单位专业技术人员自检结论：

签名及日期：

安装单位起重机械安全管理人员或负责人复检结论：

签名及日期：

工程项目部验收意见：

签名及日期：

注 1. 各栏目应当填写齐全，对于不适用的项目，要在“检验结果”栏目中填写“—”。

2. 对于要求测试数据的项目，要在“检验结果”栏目中填写实际测量的数据。

3. 对于无量值要求的定性项目，要在“检验结果”栏目中做简要说明。如：合格的项目，填写“符合”“有效”“完好”；不合格的项目，简要描述，填写“缺少……标志”“……损坏”等。

4. “结论”栏目中只填写“合格”“不合格”和“无此项”等单项结论。

5. 负责专业技术人员、复检人员、工程项目部审核人员要具备企业内部起重机械检验资格。

表B-5 施工升降机安全技术检验报告

No： 日期：____年____月____日

自检类别：□安装监督检验自检 □定期检验自检
□重大修理、改造后自检 □年度全面检查

设备类型		设备品种	
资产编号		注册代码	
型号规格		产品编号	
使用单位		制造日期	
施工单位		制造单位	
额定起重量（t）		使用登记证编号	
提升高度（m）		额定乘员数（人）	
起升速度（m/min）		自由端高度（m）	
施工告知日期		安装地点	
监检申请反馈日期		自检时间	

序号	自检内容与要求		检验结果	结论
1	1 技术文件审查	1.1 提供制造单位制造期间有效的制造许可证、产品质量合格证明、安装使用维护说明书、型式试验合格证明等产品技术资料		
2		1.2 安装单位要提供： (1) 安装维修许可证（复印件）、安装维修告知书。 (2) 施工合同、施工方案（含施工计划、施工质量计划）。		

续表

序号	自检内容与要求		检验结果	结论
2	1　技术文件审查	（3）轨道及基础验收合格证明。 （4）起重机预期用途和预期工作环境说明。 （5）施工过程记录和自检报告。 （6）现场施工的项目负责人、质量保证体系责任人员任命文件、专业技术人员、技术工人名单和特种设备作业人员资格证		
3		1.3 提供技术资料、上次检验报告、使用登记证、使用记录等安全技术档案（包括日常使用状况、维保、修理和自检、运行故障和事故等记录）		
4	2　安装改造修理资格自查	2.1 自查安装改造修理许可证明、告知书符合要求，监督检验已受理		
5		2.2 自查现场安装改造修理作业人员的资格证书符合要求		
6	3　施工作业（工艺）资料自查	自查施工作业（工艺）文件，包括作业程序、技术要求、方法和措施等经安装单位负责人批准		
7	4　作业环境、基础及外观检查	4.1 施工升降机的吊笼明显部位要设置产品铭牌		
8		4.2 吊笼明显部位标注的额定起重量标志和安全检验合格标志清晰，符合规定		
9		4.3 安全距离：起重机运动部分与建筑物、设施、输电线的安全距离符合 GB 6067.1—2010《起重机械安全规程　第1部分：总则》		

续表

序号	自检内容与要求		检验结果	结论
9	4 作业环境、基础及外观检查	中 10.2 和 15.3 的要求；地面防护围栏要围成一周，高度要不小于 2.0m；要设有围栏门，围栏门要视为层门；地面防护围栏及其关闭的门，除门下部间隙应不大于 35mm，但其与正常作业时的升降机运动件的距离不小于 0.85m（额定速度大于 0.7m/s 时）或 0.5m（额定速度不大于 0.7m/s 时）时除外；升降机与周围办公室保持合适距离，临时建筑严禁设置在起重机械安装、使用和拆卸期间倒塌覆盖的范围内		
10		4.4 基础要满足使用说明书或专项施工方案的要求，有基础验收合格证明及隐蔽工程资料，基础混凝土强度报告		
11		4.5 基础及其周围要有排水设施，不得积水		
12	5 部件施工前检查	5.1 对出厂产品、改造和修理用的材料、零部件等检查确认		
13		5.2 审查产品主要配套件的合格证明和铭牌		
14		5.3 安全保护装置合格证、铭牌、型式试验证明		
15		5.4 主要受力结构件主要几何尺寸的检查		
16	6 部件施工过程与施工后检查	6.1 主要受力结构件连接（焊接、螺栓、销轴等）的检查		
17		6.2 主要受力结构件的主要几何尺寸施工检查		

续表

序号	自检内容与要求		检验结果	结论
18	6　部件施工过程与施工后检查	6.3 钢丝绳及其连接、滑轮、开式齿轮、车轮等施工检查		
19		6.4 对配重符合使用说明书要求的检查		
20	7　金属结构检查	7.1 主要受力构件（如导轨架、附墙架、吊笼、架设装置等）无明显可见的裂纹		
21		7.2 主要受力结构件断面有效厚度不低于设计厚度的 90%		
22		7.3 结构件各连接螺栓要齐全、紧固，导轨架的连接螺栓一般宜从下向上穿且要方向一致；销轴连接要有保险销		
23		7.4 导轨架轴心线全高对底座水平基准面的安装垂直度公差值要符合施工升降机垂直度偏差的规定	_mm	
24		7.5 当导轨架的高度超过使用说明书规定的最大独立高度时，要设有附着装置；附墙架间距及附着距离要符合使用说明书的要求		
25		7.6 附着装置以上的导轨架自由端高度不得超过使用说明书的要求	_节	
26		7.7 要有防止吊笼驶出轨道的机械措施：导轨架顶部是否安装一节无齿条标准节以防吊笼冒顶		

续表

序号	自检内容与要求		检验结果	结论
27	8 主要零部件检查	8.1 一般要求：对起重机的主要零部件，除按照有关安全技术规范及相关标准检查磨损、变形、缺损情况，并判断是否可继续使用外，对钢丝绳、滑轮、传动系统、制动器、滚轮、背轮等还应当检查是否满足本报告书 8.2～8.5 的要求		
28		8.2 钢丝绳： (1) 悬挂对重的钢丝绳不少于两根，且相互独立；每根钢丝绳的直径不小于 8mm，安全系数不小于 6；钢丝绳的规格型号要符合使用说明书的要求，且要正确穿绕；钢丝绳要润滑良好，与金属结构无摩擦。		
29		(2) 钢丝绳绳端固定牢固、可靠，并要符合使用说明书要求。		
30		(3) 钢丝绳不要有扭结、压扁、弯折、断股、笼状畸变、断芯等变形现象；钢丝绳检查和报废判定时还要符合 GB/T 5972—2016《起重机　钢丝绳　保养、维护、检验和报废》		
31		8.3 滑轮：滑轮转动要灵活、无裂纹、破损，滑轮表面光滑，无损伤钢丝绳的缺陷；要装设有效的防止钢丝绳脱槽的措施		
32		8.4 驱动系统：传动系统旋转的零部件要有防护罩等安全防护设施。 传动齿轮、防坠安全器的齿轮啮合时，接触长度沿齿高不得小于 10%，沿齿长不得小于 50%		

续表

序号	自检内容与要求		检验结果	结论
33	8 主要零部件检查	8.5 齿轮齿条： （1）相邻两齿条的对接处沿齿高方向的齿差应小于等于 0.3mm，沿长度的齿差应小于等于 0.6mm。 （2）齿条 90%以上的计算宽度参与啮合，且与齿轮的啮合侧隙应为 0.2～0.5mm		
34		8.6 滚轮和背轮：滚轮连接及润滑良好，无明显侧倾偏摆；背轮安装要牢固，并要贴紧齿条背面，润滑要良好，无明显侧倾偏摆		
35	9 吊笼检查	9.1 吊笼内空净高度至少为 2.0m，吊笼要封顶，且在吊笼底部与顶板之间要有全高度立面（含门）围护；吊笼箱体应完好，无破损		
36		9.2 吊笼顶要抗滑且周围要设护栏，该护栏的高度不小于 1.1m，护栏的中间高度要设横杆，护脚板高度不小于 100mm，护栏与顶板边缘不要小于 100mm，护栏安装要牢固、可靠		
37		9.3 吊笼顶部要有紧急出口，并配有专用扶梯，出口门要装向外开启的活板门		
38		9.4 吊笼内要设有安全操作规程，操作开关及其他危险处要有醒目的安全警示标志		
39	10 层门及楼层平台	10.1 施工升降机各停层要设置层门和停层栏杆，层门及停层栏杆不要突出到吊笼的升降通道上。任何情况下层门开口净高度均不得小于 1.8m		

续表

序号	自检内容与要求		检验结果	结论
40	10 层门及楼层平台	10.2 层门的开关过程由吊笼内乘员操作，楼层内人员无法开启		
41		10.3 楼层平台搭设要牢固可靠，不要与施工升降机结构相连接		
42		10.4 楼层平台侧面防护装置与吊笼或层门之间任何开口的间距不要大于 150mm		
43		10.5 吊笼门框边缘与登机平台边缘之间的水平距离不要大于 50mm		
44		10.6 各楼层要设置楼层标识，夜间施工要有照明		
45		10.7 层铃按钮的安装要避免雨水淋湿，要有防雨措施		
46	11 对重	11.1 对重要根据有关要求涂成警告色		
47		11.2 对重导向装置要正确可靠，对重轨道要平直，接缝要平整，错位阶差不要大于 0.5mm		
48		11.3 要在吊笼和对重运行通道的最下方安装缓冲器		
49	12 安全保护和防护装置检查	12.1 制动器： (1) 制动器要符合使用说明书的要求。		
50		(2) 采用常闭式制动器，制动器动作要灵敏，工作要可靠		

续表

序号	自检内容与要求		检验结果	结论
51	12 安全保护和防护装置检查	（3）每个制动器要可手动释放，且需由恒力作用维持释放状态		
52		12.2 安全防坠器：安全防坠器连接要牢固、可靠，且要符合以下要求： （1）安全防坠器动作时，设在安全防坠器上的安全开关要将电动机和制动器电路断开。 （2）安全防坠器出厂后动作速度不得随意调整，铅封或漆封要完好无损，动作速度标定有效期限为1年。 （3）齿轮齿条式施工升降机每个吊笼必须设有渐进式安全防坠器，不允许采用瞬时式安全防坠器；安全防坠器在接高和拆卸过程中都要起作用		
53		12.3 超载保护装置： （1）超载检测要在吊笼静止时进行。 （2）超载保护装置要在载荷达到额定载重量的110%时中止吊笼启动，并给出清晰的报警信号		
54		12.4 基础围栏门安全装置：围栏门要装有机械锁紧和电气安全开关，使吊笼只有位于底部规定位置时围栏门才能打开，且在门开启后，吊笼不能启动		
55		12.5 限位装置： （1）须设置自动复位的上、下行程限位开关。 （2）上限位开关的安装位置：当提升速度		

续表

序号	自检内容与要求		检验结果	结论
55	12 安全保护和防护装置检查	小于0.8m/s时，上部安全距离L_1不得小于1.8m；当提升速度大于等于0.8m/s时，上部安全距离$L_1=1.8+0.1v^2$（m）。 （3）下限位开关的安装位置：要保证吊笼在额定载荷下降时触板触发下限位开关，使吊笼停止，此时触板离触发下极限开关还要有一定行程		
56		12.6 极限开关： （1）须设置非自动复位型的极限开关，吊笼越程超过限位开关后，极限开关须切断总电源使吊笼停止。 （2）上极限开关的安装位置：齿轮齿条式升降机与上限位开关的越程距离为0.15m。 （3）下极限位置的安装位置：在吊笼碰到缓冲器之前，触板要首先触发下极限开关		
57		12.7 安全钩：齿轮齿条式施工升降机吊笼要设有安全钩，要能防止吊笼脱离导轨架或防坠安全器输出端齿轮脱离齿条；最高一对安全钩要处于最低驱动齿轮之下，安全钩仍能使吊笼保持在导轨上		
58		12.8 缓冲器： （1）升降机底座上要设置吊笼和对重用缓冲器。 （2）当吊笼停在完全压缩的缓冲装置上时，对重上面的越程余量不得小于0.5m		

续表

序号	自检内容与要求		检验结果	结论
59	12 安全保护和防护装置检查	12.9 钢丝绳防松弛装置： (1) 升降机对重钢丝绳或提升钢丝绳的绳数不少于 2 条且相互独立时，在钢丝绳组的一端要设置张力均衡装置，并装有由相对伸长量控制的非自动复位防松绳保护开关。当其中一条钢丝绳出现相对伸长量超过允许值时或断绳时，该开关要切断控制电路，吊笼停车。 (2) 对采用单根提升钢丝绳或对重钢丝绳出现松绳时，防松绳开关立即切断控制电路，制动器制动		
60		12.10 紧急出口门的安全开关：封闭式吊笼顶部要有紧急出口，并配有专用扶梯。出口面积不要小于 0.4m×0.6m，出口要装有向外开启的活板门，并设有电气安全开关，当门打开时，吊笼不能启动		
61		12.11 吊笼门机械锁钩和电气安全装置：吊笼门要装机械锁钩，运行时不要自动打开，要设有电气安全开关；当门未完全关闭时，该开关要能有效切断控制回路电源，使吊笼停止或无法启动		
62	13 电气检查	13.1 电气设备：电气设备功能有效		
63		13.2 电动机的保护：检查电动机是否具有如下一种以上（含一种）的保护功能（电动葫芦除外），具体选用是否按照电动机及其控制方式确定：		

续表

序号	自检内容与要求		检验结果	结论
63	13 电气检查	(1) 瞬动或者反时限动作的过电流保护，其瞬时动作电流整定值应当约为电动机最大启动电流的 1.25 倍。 (2) 在电动机内设置热传感元件。 (3) 热过载保护		
64		13.3 线路保护：检查所有外部线路是否均具有短路或者接地引起的过电流保护功能		
65		13.4 错相和缺相保护：当错相和缺相会引起危险时，装设错相和缺相保护		
66		13.5 零位保护（机构运行采用自动复位按钮控制的除外）：检查是否开始运转和失压后恢复供电时，必须先将控制器手柄置于零位后，该机构或者所有机构的电动机才能启动		
67		13.6 失电压保护：检查当起重机械供电电源中断后，凡涉及安全或者不宜自动开启的用电设备是否均处于断电状态，避免恢复供电后用电设备自动运行		
68		13.7 电动机定子异常失电保护：对于发生事故后可能造成重大危险或者损失的起重机械起升机构，检查电动机是否设置定子异常失电保护功能，当调速装置或者正反向接触器故障导致电动机失控时，制动器是否能够立即上闸		
69		13.8 超速保护装置：采用晶闸管定子调压、涡流制动器、能耗制动、晶闸管供电、直流机组供电调速及其他由于调速可能造成超速的起重机起升机构要当设置超速保护		

续表

序号	自检内容与要求		检验结果	结论
70	13 电气检查	13.9 接地： 13.9.1 电气设备接地。 (1) 电气设备正常情况下不带电的外露可导电部分直接与供电电源保护接地线连接。 (2) 所有电气设备外壳、金属导线管、金属支架及金属线槽均根据配电网情况进行可靠接地（保护接地或者保护接零）		
71		13.9.2 金属结构接地。 (1) 接地线。 1) 检查是否设置专用接地线，金属结构的连接有非焊接处，是否采用另装设接地干线或者跨接线的处理。 2) 检查是否按照规定禁用金属结构和接地作为载流零线（电气系统电压为安全电压除外）		
72		(2) 接地电阻。采用接地电阻测量仪测量起重机械接地电阻。测量重复接地电阻时，把 PE 线从接地装置上断开，检查是否符合以下要求： 1) 采用 TN 接地系统时，PE 线重复接地每一处的接地电阻不大于 10Ω（测量时把接地线从重复接地体上断开）； 2) 采用 TT 接地系统时，起重机设置漏电保护装置。电气设备的外露可导电部分（电源保护接地线）的接地电阻不大于 4Ω； 3) 采用 IT 接地系统时，起重机电气设备的外露可导电部分（电源保护接地线）的接地电阻不大于 4Ω	__Ω	

续表

序号	自检内容与要求		检验结果	结论
73	13 电气检查	13.10 电气线路对地绝缘电阻： (1) 额定电压不大于500V时，绝缘电阻不低于1.0 MΩ；防爆起重机不低于1.5 MΩ。 (2) 绝缘起重机械的绝缘电阻均不低于1.0MΩ	__MΩ	
74		13.11 照明： (1) 检查司机室、通道、电气室、机房等，其可移动式照明是否是安全电压，必要时进行测量并判定。 (2) 禁用金属结构做照明线路的回路		
75		13.12 信号指示： (1) 总电源开关状态在司机室内有明显的信号指示。 (2) 起重机械有警示音响信号，并且在起重机械工作场地范围内能够清楚地听到		
76	14 性能试验	详见附录表C-4施工升降机载荷试验记录报告		

整改意见

序号	整改内容	限期	整改负责人

续表

安装单位专业技术人员自检结论：   签名及日期：
安装单位起重机械安全管理人员或负责人复检结论：   签名及日期：
工程项目部验收意见：   签名及日期：

注 1. 自检项目1.2、2、3、5、6仅适用于安装改造重大修理自检。
2. 各栏目应当填写齐全，对于不适用的项目，要在“检验结果”栏目中填写“—”。
3. 对于要求测试数据的项目，要在“检验结果”栏目中填写实际测量的数据。
4. 对于无量值要求的定性项目，要在“检验结果”栏目中做简要说明。如：合格的项目，填写“符合”“有效”“完好”；不合格的项目，简要描述，填写“缺少……标志”“……损坏”等。
5. “结论”栏目中只填写“合格”“不合格”和“无此项”等单项结论。
6. 负责专业技术人员、复检人员、工程项目部审核人员要具备企业内部起重机械检验资格。

表 B－6　桅杆式起重机安全技术检验报告

No：　　　　　　　　　　　　　　　　日期：____年____月____日

自检类别：□安装监督检验自检　　　　□定期检验自检

　　　　　□重大修理、改造后自检　　□年度全面检查

设备类型		设备品种	
资产编号		注册代码	
型号规格		出厂编号	
使用单位		使用登记证编号	
施工单位		安装地点	
制造单位		工作级别	
最大额定起重量（t）		最大额定起重力矩（t·m）	
起重臂长度（m）		工作幅度（m）	
起升速度（m/min）		起升高度（m）	
变幅速度（m/min）		回转速度（r/mim）	
施工告知日期		申请检验日期	
申请检验日期		检验日期	

序号	检验内容与要求		检验结果	结论
1	1 技术资料审查	1.1 首次检验需提供制造单位制造期间有效的制造许可证、出厂合格证、安装使用维护说明书、型式试验合格证明等产品技术资料		

续表

序号	检验内容与要求		检验结果	结论
2	1 技术资料审查	1.2 安装单位要提供： (1) 安装维修许可证（复印件）、安装维修告知书。 (2) 施工合同、施工方案（含施工计划、施工质量计划）。 (3) 地锚基础验收合格证明。 (4) 施工过程记录和自检报告。 (5) 现场施工的项目负责人、质量保证体系责任人员任命文件、专业技术人员、技术工人名单和特种设备作业人员资格证		
3		1.3 提供技术资料、上次检验报告、使用登记证、使用记录等安全技术档案（包括日常使用状况、维保、修理和自检、运行故障和事故等记录）是否齐全，是否存档保管		
4	2 作业环境、基础及外观检查	2.1 起重机明显部位标注的额定起重量或者额定起重力矩标志是否清晰，符合规定		
5		2.2 起重机的基础是否平整坚实，有下沉、积水		
6		2.3 安全距离：起重机运动部分与建筑物、设施、输电线的安全距离符合 GB 6067.1—2010《起重机械安全规程　第 1 部分：总则》中 10.2 和 15.3 的要求；起重机与周围办公室保持合适距离		
7		2.4 检查通向起重机通道、起重机上的通道、平台、梯子、栏杆是否符合要求		

续表

序号	检验内容与要求		检验结果	结论
8	3 安装改造修理资格自查	3.1 自查安装改造修理许可证明符合要求、已告知		
9		3.2 自查现场安装改造修理作业人员的资格证书符合要求		
10		3.3 自查主要受力结构件的现场分段组装（焊接）的焊接作业人员（焊工）资格证件符合要求		
11	4 施工作业（工艺）资料自查	自查施工作业（工艺）文件，包括作业程序、技术要求、方法和措施等经安装单位负责人批准		
12	5 部件施工前检查	5.1 对出厂产品、改造和修理用的材料、零部件等检查确认记录		
13		5.2 审查产品主要配套件的合格证明和铭牌		
14		5.3 安全保护装置合格证、铭牌、型式试验证明		
15		5.4 主要受力结构件主要几何尺寸的检查		
16	6 部件施工过程与施工后检查	6.1 主要受力结构件连接（焊接、螺栓、销轴等）的检查		
17		6.2 主要受力结构件的主要几何尺寸施工检查		
18		6.3 主要受力结构件分段制造现场组装的检查记录、无损检测报告		

续表

序号	检验内容与要求		检验结果	结论
19	6　部件施工过程与施工后检查	6.4 钢丝绳及其连接、吊具、滑轮、开式齿轮、卷筒、环链、导绳器等施工检查		
20		6.5 新桅杆组装时，中心线偏差要不大于总支承长度的 1/1000；多次使用过的桅杆，在重新组装时，每 5m 长度内中心线与局部塑性变形允许偏差值不要大于 40mm；在桅杆全长内，中心线与总支承长度的允许偏差要为 1/200		
21	7　金属结构检查	7.1 主要受力结构件的连接焊缝无明显可见的裂纹		
22		7.2 主要受力结构件断面有效厚度不低于设计厚度的 90%		
23		7.3 螺栓和销轴等连接无明显松动、缺件、损坏等缺陷		
24	8　主要零部件检查	8.1 一般要求：对起重机的主要零部件，除按照有关安全技术规范及相关标准检查磨损、变形、缺损情况，并判断是否可继续使用外，对吊具、钢丝绳、滑轮等还应当检查是否满足本报告书 5.2～5.11 的要求		
25		8.2 吊具： (1) 吊钩、横梁等吊具悬挂牢固可靠。 (2) 吊钩设置防脱钩装置。 (3) 吊钩不应当焊补		

续表

序号	检验内容与要求		检验结果	结论
26	8 主要零部件检查	8.3 钢丝绳： （1）钢丝绳配置：采用的钢丝绳与滑轮和卷筒相匹配。 （2）钢丝绳固定：使吊具处于最低工作位置，检查钢丝绳的绳端固定和保留圈数。要符合下列要求： 1）钢丝绳绳端固定牢固、可靠；采用压板固定的，压板不少于2个。		
27		2）吊具处于最低工作位置时，除固定钢丝绳的圈数外，卷筒上至少有3圈钢丝绳作为安全圈。 3）卷筒上的绳端固定装置有防松或者自紧的性能；用金属压制接头固定时，接头无裂纹；用楔块固定时，楔套无裂纹，楔块无松动；用绳夹固定时，绳夹安装正确，绳夹数满足GB 6067.1—2010《起重机械安全规程　第1部分：总则》的要求（绳夹压板应当在钢丝绳长头一边，绳夹间距等于6～7倍钢丝绳直径）。 （3）钢丝绳要润滑良好，不要与金属结构摩擦。 （4）钢丝绳不要有扭结、压扁、弯折、断股、笼状畸变、断芯等变形现象；钢丝绳检查和报废判定时还要符合GB/T 5972—2016《起重机　钢丝绳　保养、维护、检验和报废》	起升ϕ：__mm 变幅ϕ：__mm	

续表

序号	检验内容与要求		检验结果	结论
28	8 主要零部件检查	8.4 缆风绳： （1）缆风绳配置：使用的缆风绳宜采用4～8根，布置要合理，松紧要均匀。 （2）缆风绳的规格、数量及地锚的拉力、埋设深度等，要按照起重机性能经计算确定；缆风绳与地面夹角要在30°～45°之间，缆风绳与桅杆和地锚的连接要牢固；如越过公路或街道时，架空高度不要小于7m。 （3）地锚的埋设，要与现场的土质情况和地锚的受力情况相适应，缆风绳地锚的埋设要经设计，当无设计规定时，地锚要采用不少于2根钢管（D48～53mm）并排设置（与钢丝绳受力垂直），其间距要小于0.5m，打入深度不要小于1.7m，桩顶要有钢丝绳防滑措施。 （4）缆风绳的架设要避开架空线路，在靠近电线附近，要装有绝缘材料制作的护线架		
29		8.5 导绳器：配备有导绳装置的卷筒在整个工作范围内有效排绳，无卡阻现象		
30		8.6 滑轮： （1）滑轮转动良好，未出现达到报废标准的磨损、变形、缺损。 （2）要有防止钢丝绳脱槽的装置，且可靠有效		
31		8.7 减速器： （1）地脚螺栓、壳体连接螺栓不得松动，不得有缺损。 （2）工作时要无异常声响、振动、发热和漏油		

续表

序号	检验内容与要求		检验结果	结论
32	8 主要零部件检查	8.8 开式齿轮：齿轮啮合要平稳，无裂纹、断齿和过度磨损		
33		8.9 连接板：桅杆连接板、桅杆头部不要有永久变形、锈蚀		
34		8.10 联轴器：零件无缺损，连接无松动，运转时无剧烈撞击声		
35		8.11 卷筒： (1) 多层缠绕的卷筒，端部要有比最外层钢丝绳高出 2 倍钢丝绳直径的凸缘。 (2) 卷筒壁不要有裂纹或过度磨损		
36	9 安全保护和防护装置检查	9.1 制动器： 9.1.1 制动器设置与控制。 (1) 检查动力驱动的起重机（液压缸驱动的除外），其起升、运行机构均装设可靠的制动装置。当机构要求具有载荷支持作用时，要装设机械常闭式制动器。 (2) 制动器的控制是否符合要求		
37		9.1.2 制动器零件检查。 (1) 制动器的零件无裂纹、过度磨损（摩擦片磨损达原厚度的 50%或者露出铆钉）、塑性变形、缺件等缺陷，液压制动器无漏油现象。 (2) 制动器打开时制动轮与摩擦片无摩擦现象，制动器闭合时制动轮与摩擦片接触均匀，无影响制动性能的缺陷和油污。 (3) 制动器的推动器无漏油现象		

续表

序号	检验内容与要求		检验结果	结论
38	9 安全保护和防护装置检查	9.2 起升高度（下降深度）限位器：起升机构要装设起升高度限位器，当取物装置上升到设计规定的上极限位置时，要能立即切断起升动力源，并在此极限上方留有足够的空余高度，以适应上升制动行程的要求。当吊具起升（下降）到极限位置时，是否能够自动切断动力源。上述运动方向的电源切断后，仍可进行相反方向运动（第二级起升高度限位器除外）		
39		9.3 幅度限位器：变幅机构要装设幅度限位器，在桅杆俯仰行程的极限位置处设置低位置和高位置的幅度限位器。在达到设计规定的极限位置时自动切断前进方向的动力源		
40		9.4 起重量限制器： （1）均要装设起重量限制器。 （2）首次检验：当实际起重量超过95%额定起重量时，起重量限制器宜发出报警信号；当实际起重量超过100%～110%的额定起重量时，起重量限制器起作用，此时要自动切断起升动力源，但要允许机构作下降运动。 （3）定期检验：未被短接		
41		9.5 幅度指示器：桅杆式起重机是否在桅杆侧方装设幅度指示器（或者桅杆仰角指示器）		

续表

序号	检验内容与要求		检验结果	结论
42	9 安全保护和防护装置检查	9.6 防止臂架向后倾翻装置：是否装设防止臂架后倾翻装置，以保证当变幅就的行程开关失灵时，能阻止臂架向后倾翻		
43		9.7 防护罩、防护栏、隔热装置：起重机械上外露的有可能伤人的运动零部件防护罩、防护栏，露天作业的起重机械的电气设备防雨罩等齐全		
44		9.8 报警装置：起重机上设置蜂鸣器、闪光灯等作业报警装置		
45		9.9 紧（要）急停止开关：紧（要）急停止开关能切断起重机械动力电源，并且不能自动复位，并装设在司机操作方便的地方		
46		9.10 风速仪：起升高度大于 12m 时的露天工作的桅杆式起重机要安装风速仪，并安装在起重机上部迎风处		
47	10 司机室检查	10.1 灭火器、绝缘地板、标志：司机室配有灭火器和绝缘地板，各操作装置标志完好、醒目		
48		10.2 固定牢固，无明显缺陷，在露天工作设置防风、防雨、防晒等防护装置		
49	11 电气检查	11.1 电气设备： （1）电气设备功能有效。 （2）桅杆式起重机械电气设备及其元器件与工作环境的等级相适应，并且有防护措施		

续表

序号	检验内容与要求		检验结果	结论
50	11 电气检查	11.2 电动机的保护：检查电动机是否具有如下一种以上（含一种）的保护功能。具体选用是否按照电动机及其控制方式确定： （1）瞬动或者反时限动作的过电流保护，其瞬时动作电流整定值应当约为电动机最大启动电流的 1.25 倍。 （2）在电动机内设置热传感元件。 （3）热过载保护		
51		11.3 线路保护：检查所有外部线路是否均具有短路或者接地引起的过电流保护功能。在线路发生短路或接地时，瞬时保护装置要能分断线路。对于导线截面较小，外部线路较长的控制线路或辅助线路，当预计接地电流达不到瞬时脱扣电流值时，要增设热脱扣功能，以保证导线不会因接地而引起绝缘烧损		
52		11.4 错相和缺相保护：当错相和缺相会引起危险时，是否装设错相和缺相保护		
53		11.5 零位保护（机构运行采用自动复位按钮控制的除外）：检查是否开始运转和失电压后恢复供电时，必须先将控制器手柄置于零位后，该机构或者所有机构的电动机才能启动		
54		11.6 失电压保护：检查当起重机械供电电源中断后，凡涉及安全或者不宜自动开启的用电设备是否均处于断电状态，避免恢复供电后用电设备自动运行		

续表

序号	检验内容与要求		检验结果	结论
55	11 电气检查	11.7 电动机定子异常失电保护：对于发生事故后可能造成重大危险或者损失的起重机械起升机构，检查电动机是否设置定子异常失电保护功能，当调速装置或者正反向接触器故障导致电动机失控时，制动器是否能够立即上闸		
56		11.8 超速保护装置： 采用晶闸管定子调压、涡流制动器、能耗制动、晶闸管供电、直流机组供电调速及其他由于调速可能造成超速的起重机起升机构和非平衡式变幅机构应当设置超速保护		
57		11.9 起重机接地： 11.9.1 电气设备接地： (1) 电气设备正常情况下不带电的外露可导电部分直接与供电电源保护接地线连接。 (2) 所有电气设备外壳、金属导线管、金属支架及金属线槽均根据配电网情况进行可靠接地（保护接地或者保护接零）		
58		11.9.2 金属结构接地： (1) 接地线。 1) 检查是否设置专用接地线，金属结构的连接有非焊接处，是否采用另装设接地干线或者跨接线的处理。 2) 检查是否按照规定禁用金属结构和接地作为载流中性线（电气系统电压为安全电压除外）	__Ω	

续表

序号	检验内容与要求		检验结果	结论
59	11 电气检查	（2）接地电阻。采用接地电阻测量仪测量起重机械接地电阻。测量重复接地电阻时，把PE线从接地装置上断开，检查是否符合以下要求： 1）采用TN接地系统时，PE线重复接地每一处的接地电阻不大于10Ω（测量时把接地线从重复接地体上断开）。 2）采用TT接地系统时，起重机设置漏电保护装置。电气设备的外露可导电部分（电源保护接地线）的接地电阻不大于4Ω。 3）采用IT接地系统时，起重机电气设备的外露可导电部分（电源保护接地线）的接地电阻不大于4Ω		
60		11.10 电气线路对地绝缘电阻： 额定电压不大于500V时，绝缘电阻不低于1.0 MΩ	__MΩ	
61		11.11 照明： （1）检查司机室、通道、电气室、机房等，其可移动式照明是否是安全电压，必要时进行测量并判定。 （2）照明回路的进线侧要从起重机械电源侧单独供电，当切断总电源开关时，工作照明不要断电。各种工作照明均要设短路保护。禁用金属结构做照明线路的回路。 （3）当室外起重机总高度大于30m时，且周围无高于起重机械顶尖的建筑物和其他		

续表

序号	检验内容与要求		检验结果	结论
61	11 电气检查	设施，两台起重机械之间有可能相碰，或起重机械及其结构妨碍空运或水运，要在其端部装设红色障碍灯。灯的电源不要受起重机停机影响而断电		
62		11.12 信号指示： （1）总电源开关状态在司机室内有明显的信号指示。 （2）起重机械（跟随式操作控制的除外）有警示音响信号，并且在起重机械工作场地范围内能够清楚地听到。 （3）集装箱专用吊具开闭锁有指示信号灯		
63	12 安全监控管理系统检查	100t 以上桅杆式起重机的安全监控管理系统要符合 TSG Q7015—2016《起重机械定期检验规则》中 C9 的要求		
64	13 性能试验	详见附录表 C-5 桅杆式起重机载荷试验记录报告		

整改意见

序号	整改内容	限期	整改负责人

续表

安装单位专业技术人员自检结论：   签名及日期：
安装单位起重机械安全管理人员或负责人复检结论：   签名及日期：
工程项目部验收意见：   签名及日期：

注 1. 自检项目1.2、2、3、5、6仅适用于首检自检和改造重大修理自检。

2. 各栏目应当填写齐全，对于不适用的项目，要在“检验结果”栏目中填写“—”。

3. 对于要求测试数据的项目，要在“检验结果”栏目中填写实际测量的数据。

4. 对于无量值要求的定性项目，要在“检验结果”栏目中做简要说明。如：合格的项目，填写“符合”“有效”“完好”；不合格的项目，简要描述，填写“缺少……标志”“……损坏”等。

5. “结论”栏目中只填写“合格”“不合格”和“无此项”等单项结论。

6. 负责专业技术人员、复检人员、工程项目部审核人员要具备企业内部起重机械检验资格。

表B-7 钢索式液压提升装置安全技术检验报告

工程名称		安装地点	
设备名称		规格型号	
资产编号		制造单位	
出厂编号		安装(使用)单位	

检验项目	项目编号	检验内容与要求	检验结果	结论
1 技术资料	1.1	制造单位要提供有效的资格证明、产品出厂合格证、安装使用维护说明书等随机文件		
	1.2	安装单位要提供： (1) 施工情况记录和自检报告。 (2) 安装过程中事故记录与处理报告。 (3) 安装过程中经制造单位同意的变更设计的证明文件		
	1.3	改造（大修）单位除提供1.2项要求的内容外，还要提供改造（大修）部分的清单、主要部件合格证、改造部分经改造单位批准并签章的图样和计算资料		
	1.4	使用单位要提供注册登记和运行管理制度资料以及设备技术档案（内容包括1.1、1.2和1.3项要求的资料，维护保养、常规检查和故障与事故的记录等）。新增设备的验收检验，此项仅核查运行管理制度资料		
2 作业环境及外观	2.1	禁止在大风大雨等恶劣天气下进行运行		
	2.2	电气控制台不要放置在有腐蚀性气体的环境中，要防尘防水，防鼠害		

续表

检验项目	项目编号	检验内容与要求	检验结果	结论
2 作业环境及外观	2.3	联机前，要对泵站、缸、电控制的电气元件作仔细的外观检查		
	2.4	设备适当部位要有清晰的产品标牌		
	2.5	施工现场需准备380V、50kVA动力电源（引至液压泵站）和220V交流电源线（引至电气控制台）		
	2.6	作业区内的电源线、油管等，要保护，不能阻碍通行和碰撞，重物提升空间不能有任何障碍物		
3 主要零部件与机构	3.1	设备的主要受力构件不要整体失稳、严重塑性变形和产生裂纹。整体失稳时不得修复，要报废；产生塑性变形使工作机构不能正常运行时，如果不能修复，要报废；发生锈蚀或者腐蚀超过原厚度的10%时要报废；产生裂纹要修复，否则要报废		
	3.2	金属结构的连接焊缝无明显可见的焊接缺陷。螺栓连接不得松动，不要有缺件、损坏等缺陷。高强度螺栓要有足够的预紧力矩		
	3.3	主要受力构件无明显的连接缺陷和腐蚀、变形、开裂等缺陷		
	3.4	仔细检查卡爪，如发现卡爪与钢索的咬合面磨损严重或断裂，必须更换卡爪		
	3.5	检查钢索表面有无严重“咬伤”、折弯或松股等缺陷，如有，则必须更换新的钢索		

续表

检验项目	项目编号	检验内容与要求	检验结果	结论
3 主要零部件与机构	3.6	每根钢索在液压缸上的位置与下锚座孔位一一对应。钢索不准错位，不准中间交叉，不准扭转		
	3.7	当试运行时，吊件离地后，要暂时悬停，再次拧紧下锚头的压板以保安全		
	3.8	对每根钢索进行预紧，加力2～3kN，反复多次轮流预紧，使每个千斤顶的各钢索均匀受力		
4 操作室	4.1	操作室防风、防雨，内有灭火器，操作部件标记明显		
	4.2	提升装置操作室要有合适的照明		
5 电气部分	5.1	直观检查：联机前，要对泵站、缸、电控制的电气元件作仔细的外观检查，是否有松动或脱落，并使之恢复原状		
	5.2	绝缘检查：用500V绝缘电阻表，检查电动机相间、相地的绝缘。绝缘电阻要求大于2MΩ		
	5.3	检查电动机转向接线完毕后，点动高、低泵站看电动机转向与油泵规定转向是否符合。如不符，可将电源进线任意两根对换位置即可		
	5.4	空载运行检查作带荷升、降工况及单缸、多缸互配、四缸联动的各种工况操作，查看各种信号是否与运行工况相一致		
6 液压系统	6.1	必须对整个系统进行严格的全面检查，按照液压系统图的要求，管路连接不得有误		

续表

检验项目	项目编号	检验内容与要求	检验结果	结论
6 液压系统	6.2	油面位置在油标范围以内		
	6.3	各电磁阀均要处于断电状态		
	6.4	溢流阀均要调至最低值（手柄逆时针旋转至最松）		
	6.5	调速阀要调至最大开度（手柄顺时针拧至最大）		
	6.6	油温要在15～50℃之间		
	6.7	柱塞泵斜盘指针位于100%刻度		
7 安全装置及防护措施	7.1	作业区内的电源线、油管等，要保护，不能阻碍通行和碰撞，重物提升空间不能有任何障碍物		
	7.2	提升作业平台周围都要有安全栏杆		
	7.3	提升装置的承载机构具有可靠的自锁性能，如果施工吊装时电源中断、天气突变无法继续工作时，该装置可以承载悬停（负荷转化到下承载机构上），但重物必须有牢靠的防风拉线固定		
8 试验	8.1 启动试验	各泵站的高、低压泵就地启动是否正常，电动机及液压泵有无振动及噪声		
	8.2 各缸动作试验	各液压缸的升、降动作是否正常，行程位置是否能够正确显示		
	8.3 模拟使用工况试验	试验设备的带负荷上升、带负荷下降的手动运行及自动运行、工况转换是否符合设计要求		

续表

检验项目	项目编号	检验内容与要求	检验结果	结论
8 试验	8.4 连续动作试验	检验设备连续运转时的可靠性		
	8.5 载荷试验	检验设备及其结构是否满足设计要求		
9 其他				

整改意见

序号	整改内容	期限	负责人签字

安装单位专业技术人员自检结论：

签名及日期：

安装单位起重机械安全管理人员或负责人复检结论：

签名及日期：

工程项目部验收意见：

签名及日期：

表 B-8　门座式起重机安全技术检验报告

No：　　　　　　　　　　　　　　　　　　日期：____年____月____日

自检类别：□安装监督检验自检　　　　□定期检验自检

□重大修理、改造后自检　　　□年度全面检查

设备类型		设备品种	
资产编号		注册代码	
型号规格		产品编号	
使用单位		制造日期	
施工单位		制造单位	
起重力矩（t·m）		使用登记证编号	
最大起重量及对应幅度（t/m）		幅度范围（m）	
最大起升高度（m）		回转速度（r/min）	
主/副起升速度（m/min）		变幅速度	
大车运行速度（m/min）		工作级别	
施工告知日期		安装地点	
监检申请反馈日期		自检时间	

序号	自检内容与要求		检验结果	结论
1	1　技术文件审查	1.1 提供制造单位制造期间有效的制造许可证、产品质量合格证明、安装使用维护说明书、型式试验合格证明等产品技术资料		

续表

序号	自检内容与要求		检验结果	结论
2	1 技术文件审查	1.2 安装单位要提供： (1) 安装维修许可证（复印件）、安装维修告知书。 (2) 施工合同、施工方案（含施工计划、施工质量计划）。 (3) 轨道及基础验收合格证明。 (4) 起重机预期用途和预期工作环境说明。 (5) 施工过程记录和自检报告。 (6) 现场施工的项目负责人、质量保证体系责任人员任命文件，专业技术人员、技术工人名单和特种设备作业人员资格证		
3		1.3 提供技术资料、上次检验报告、使用登记证、使用记录等安全技术档案（包括日常使用状况、维保、修理和自检、运行故障和事故等记录）		
4	2 安装改造修理资格	2.1 自查安装改造修理许可证明、告知书符合要求，监督检验已受理		
5		2.2 自查现场安装改造修理作业人员的资格证书符合要求		
6		2.3 自查主要受力结构件的现场分段组装（焊接）的焊接作业人员（焊工）资格证件符合要求		
7	3 施工作业（工艺）资料自查	自查施工作业（工艺）文件，包括作业程序、技术要求、方法和措施等经安装单位负责人批准		

续表

序号	自检内容与要求		检验结果	结论
8	4 作业环境、基础及外观检查	4.1 起重机明显部位标注的额定起重量、起重力矩标志以及安全标志清晰，符合规定；并粘贴了特种设备使用标志		
9		4.2 安装基础验收合格，并经过盖章确认；或起重机轨道无明显松动和影响其安全运行的明显缺陷		
10		4.3 安全距离：起重机运动部分与建筑物、设施、输电线的安全距离符合 GB 6067.1—2010《起重机械安全规程　第 1 部分：总则》中 10.2 和 15.3 的要求；起重机与周围办公室保持合适距离，临时建筑严禁设置在起重机械安装、使用和拆卸期间倒塌覆盖的范围内		
11		4.4 检查通向起重机通道、起重机上的通道、平台、梯子、栏杆符合 GB 6067.1—2010 中 3.6～3.8 的要求		
12	5 部件施工前检查	5.1 对出厂产品、改造和修理用的材料、零部件等检查确认		
13		5.2 审查产品主要配套件的合格证明和铭牌		
14		5.3 安全保护装置合格证、铭牌、型式试验证明		
15		5.4 主要受力结构件主要几何尺寸的检查		
16		5.5 主要受力结构件分段制造现场组装的检查记录、无损检测报告		

续表

序号	自检内容与要求		检验结果	结论
17	6 部件施工过程与施工后检查	6.1 主要受力结构件连接（焊接、螺栓、销轴等）的检查		
18		6.2 主要受力结构件的主要几何尺寸施工检查		
19		6.3 钢丝绳及其连接、吊具、滑轮、开式齿轮、车轮、卷筒等施工检查		
20		6.4 配重、压重数量和吨位符合使用说明书要求的检查		
21		6.5 主要受力结构件分段制造现场组装的检查记录、无损检测报告		
22	7 金属结构检查	7.1 主要受力构件（如门架、转台、人字架、高塔柱、臂架结构、台车架等）无明显可见的裂纹		
23		7.2 主要受力结构件断面有效厚度不低于设计厚度的90%		
24		7.3 螺栓和销轴等连接无明显松动、缺件、损坏等缺陷		
25	8 主要零部件检查	8.1 一般要求：对起重机的主要零部件，除按照有关安全技术规范及相关标准检查磨损、变形、缺损情况，并判断是否可继续使用外，对吊具、钢丝绳、滑轮等还应当检查是否满足本报告书8.2～8.4的要求		

续表

<table>
<tr><th>序号</th><th colspan="3">自检内容与要求</th><th>检验结果</th><th>结论</th></tr>
<tr><td>26</td><td rowspan="5">8 主要零部件检查</td><td colspan="2">8.2 吊具：
(1) 吊钩、横梁等吊具悬挂牢固可靠。
(2) 吊钩设置防脱钩装置，吊钩不应当焊补</td><td></td><td></td></tr>
<tr><td rowspan="3">27</td><td rowspan="3">8.3 钢丝绳：
(1) 钢丝绳配置：采用的钢丝绳与滑轮和卷筒相匹配</td><td>主 ϕ：__mm</td><td rowspan="3"></td><td rowspan="3"></td></tr>
<tr><td>副 ϕ：__mm</td></tr>
<tr><td>变幅 ϕ：__mm</td></tr>
<tr><td>28</td><td colspan="2">(2) 钢丝绳固定：使吊具处于最低工作位置，检查钢丝绳的绳端固定和保留圈数。要符合下列要求：
1) 钢丝绳绳端固定牢固、可靠；采用压板固定的，压板不少于2个。
2) 吊具处于最低工作位置时，除固定钢丝绳的圈数外，卷筒上至少有3圈钢丝绳作为安全圈。
3) 卷筒上的绳端固定装置有防松或者自紧的性能；用金属压制接头固定时，接头无裂纹；用楔块固定时，楔套无裂纹，楔块无松动；用绳夹固定时，绳夹安装正确，绳夹数满足 GB 6067.1—2010《起重机械安全规程　第1部分：总则》的要求（绳夹压板应当在钢丝绳长头一边，绳夹间距等于6～7倍钢丝绳直径）。
(3) 钢丝绳要润滑良好；不要与金属结构摩擦。
(4) 钢丝绳不要有扭结、压扁、弯折、断股、笼状畸变、断芯等变形现象；钢丝绳检查和报废判定时还要符合 GB/T 5972—2016《起重机　钢丝绳　保养、维护、检验和报废》</td><td></td><td></td></tr>
</table>

续表

序号	自检内容与要求		检验结果	结论
29	8 主要零部件检查	8.4 导绳器：配备有导绳装置的卷筒在整个工作范围内有效排绳，无卡阻现象		
30		8.5 滑轮： (1) 滑轮转动良好，未出现达到报废标准的磨损、变形、缺损。 (2) 要有防止钢丝绳脱槽的装置，且可靠有效		
31		8.6 减速器 (1) 地脚螺栓、壳体连接螺栓不得松动，不得有缺损。 (2) 工作时要无异常声响、振动、发热和漏油		
32		8.7 开式齿轮：齿轮啮合要平稳，无裂纹、断齿和过度磨损		
33		8.8 车轮未出现达到报废标准的磨损、缺损		
34		8.9 联轴器：零件无缺损，连接无松动，运转时无剧烈撞击声		
35		8.10 卷筒： (1) 多层缠绕的卷筒，端部要有比最外层钢丝绳高出2倍钢丝绳直径的凸缘。 (2) 卷筒壁不要有裂纹或过度磨损		
36	9 安全保护和防护装置	9.1 制动器： 9.1.1 制动器设置与控制。 (1) 检查动力驱动的起重机（液压缸驱动的除外），其起升、变幅、运行、回转机构均装设可靠的制动装置。当机构要求具有载		

续表

序号	自检内容与要求		检验结果	结论
36	9 安全保护和防护装置	荷支持作用时，要装设机械常闭式制动器。 （2）制动器的控制是否符合 GB/T 3811—2008《起重机械设计规范》中 7.5.6 的要求		
37		9.1.2 制动器零件检查。 （1）制动器的零件无裂纹、过度磨损（摩擦片磨损达原厚度的 50%或者露出铆钉）、塑性变形、缺件等缺陷，液压制动器无漏油现象。 （2）制动器打开时制动轮与摩擦片无摩擦现象，制动器闭合时制动轮与摩擦片接触均匀，无影响制动性能的缺陷和油污。 （3）制动器的推动器无漏油现象		
38		9.2 起升高度（下降深度）限位器：起升机构均要装设起升高度限位器，当取物装置上升到设计规定的上极限位置时，要能立即切断起升动力源，并在此极限上方留有足够的空余高度，以适应上升制动行程的要求。当吊具起升（下降）到极限位置时，是否能够自动切断动力源。上述运动方向的电源切断后，仍可进行相反方向运动（第二级起升高度限位器除外）		
39		9.3 行走限位装置：轨道式塔机行走机构要在每个运行方向设置行程限位开关，在达到设计规定的极限位置时自动切断前进方向的动力源		

续表

序号	自检内容与要求		检验结果	结论
40	9 安全保护和防护装置	9.4 起重量限制器： (1) 均要装设起重量限制器。 (2) 定检自检：未被短接。 (3) 安装自检：①起升额定载荷，以额定速度起升、下降，全过程中正常制动3次，起重量限制器不动作；当实际起重量超过90%额定起重量时，起重量限制器宜发出报警信号；②保持载荷离地面100～200mm，当实际起重量达到额定起重量时，要发出超载报警信号，并切断上升方向动作，但是机构可以做下降方向的运动		
41		9.5 起重力矩限制器： (1) 当起重力矩达到1.05倍的额定值时，要能够切断上升和幅度增大方向的动力源，但是机构可以做下降和减小幅度方向的运动。 (2) 力矩限制器控制定码变幅的触点或控制定幅变码的触点要分别设置，且能分别调整。 (3) 对小车变幅塔机，其最大变幅速度超过40m/min，在小车向外运行，且起重力矩达到额定值的80%时，变幅速度应能自动转换为不大于40m/min的速度运行		
42		9.6 抗风防滑装置（适用于露天工作的轨道式起重机械）： (1) 按规定设置抗风防滑装置，并符合GB 6067.1—2010中9.4.1的要求。 (2) 动作试验，符合下列要求则判定为合		

续表

序号	自检内容与要求		检验结果	结论
42	9 安全保护和防护装置	格：进行动作试验，检查钳口夹紧情况、锚定的可靠性以及电气保护装置的工作状况，其顶轨器、夹轨器、楔块式防爬器、自锁式防滑动装置功能动作。 （3）检查零件无缺损		
43		9.7 防碰撞装置：当两台或者两台以上的起重机械运行在同一轨道上，或者不在同一轨道且有碰撞可能时，要装设防碰撞装置		
44		9.8 报警装置：起重机上设置蜂鸣器、闪光灯等作业报警装置。 当达到额定起重力矩（额定起重量）90%以上时，装置要能向司机发出断续的声光报警。在塔机达到额定起重力矩（额定起重量）的100%以上时，装置要能发出连续清晰的声光报警，且只有在降低到额定工作能力100%以内时报警才能停止		
45		9.9 缓冲器和端部止挡： （1）在轨道上运行的起重机的运行机构、起重小车的运行机构等装设缓冲器或者缓冲装置（缓冲器或者缓冲装置可以安装在起重机上或者轨道端部止挡装置上）。 （2）轨道端部止挡装置牢固可靠，能防止起重机脱轨。 （3）检查有螺杆和齿条等的变幅驱动机构，是否还在变幅齿条和变幅螺杆的末端装设端部止档防脱装置，以防止臂架在低位置发生坠落		

续表

序号	自检内容与要求		检验结果	结论
46	9 安全保护和防护装置	9.10 紧（要）急停止开关：紧（要）急停止开关能切断起重机械动力电源，并且不能自动复位，并装设在司机操作方便的地方		
47		9.11 轨道清扫器：当物料有可能积存在轨道上成为运行的障碍时，在轨道上行驶的起重机和起重小车，在台车架（或者端梁）下面和小车架下面装设轨道清扫器，扫轨板底面与轨道顶面之间的间隙不大于 10mm		
48		9.12 风速仪：起升高度大于 50m 时的露天工作的起重机要安装风速仪，并安装在起重机上部迎风处		
49		9.13 防护罩、防护栏：起重机械上外露的有可能伤人的运动零部件防护罩、防护栏，露天作业的起重机械的电气设备防雨罩等齐全		
50		9.14 防止臂架向后倾翻装置：检查存在后倾翻可能的臂架俯仰变幅机构起重机，装设防止臂架后倾装置，以保证当变幅机构的行程开关失灵时，能阻止臂架向后倾翻		
51		9.15 回转限位装置：需要限制回转范围时，检查起重机回转机构是否安装回转角度限位装置		
52		9.16 幅度限位器：检查动臂变幅的起重机，在臂架俯仰行程的极限位置处设置臂架低位置和高位置的幅度限位器		

续表

序号	自检内容与要求		检验结果	结论
53	9 安全保护和防护装置	9.17 幅度指示器：检查是否装设幅度指示器（或者臂架仰角指示器）		
54		9.18 红色障碍灯：总高大于 30m 的室外起重机，在周围无高于起重机顶尖的建筑物等设施、有可能相碰撞或者有可能成为飞机起落飞行的危险障碍时，要设置红色障碍灯，且有效，其电源不受停机影响而断电		
55	10 液压系统检查	10.1 平衡阀和液压锁与执行机构连接：平衡阀和液压锁与执行机构是刚性连接		
56		10.2 液压回路无漏油现象		
57		10.3 液压缸安全限位装置、防爆阀（截止阀）液压缸安全限位装置、防爆阀（或者截止阀）无损坏		
58	11 司机室检查	11.1 灭火器、绝缘地板、标志：司机室配有灭火器和绝缘地板，各操作装置标志完好、醒目		
59		11.2 固定牢固，无明显缺陷，在露天工作设置防风、防雨、防晒等防护装置		
60	12 电气检查	12.1 电气设备：电气设备功能有效		
61		12.2 电动机的保护：检查电动机是否具有如下一种以上（含一种）的保护功能（电动葫芦除外），具体选用是否按照电动机及其控制方式确定： （1）瞬动或者反时限动作的过电流保护，其瞬时动作电流整定值要当约为电动机最大启动电流的 1.25 倍		

续表

序号	自检内容与要求		检验结果	结论
61	12 电气检查	（2）在电动机内设置热传感元件； （3）热过载保护		
62		12.3 线路保护：检查所有外部线路是否均具有短路或者接地引起的过电流保护功能		
63		12.4 错相和缺相保护：当错相和缺相会引起危险时，装设错相和缺相保护		
64		12.5 零位保护（机构运行采用自动复位按钮控制的除外）：检查是否开始运转和失电压后恢复供电时，必须先将控制器手柄置于零位后，该机构或者所有机构的电动机才能启动		
65		12.6 失电压保护：检查当起重机械供电电源中断后，凡涉及安全或者不宜自动开启的用电设备是否均处于断电状态，避免恢复供电后用电设备自动运行		
66		12.7 电动机定子异常失电保护：对于发生事故后可能造成重大危险或者损失的起重机械起升机构，检查电动机是否设置定子异常失电保护功能，当调速装置或者正反向接触器故障导致电动机失控时，制动器是否能够立即上闸		
67		12.8 超速保护装置：采用晶闸管定子调压、涡流制动器、能耗制动、晶闸管供电、直流机组供电调速及其他由于调速可能造成超速的起重机起升机构应当设置超速保护		

续表

序号	自检内容与要求			检验结果	结论
68	12 电气检查	12.9 接地： 12.9.1 电气设备接地。 (1) 电气设备正常情况下不带电的外露可导电部分直接与供电电源保护接地线连接。 (2) 所有电气设备外壳、金属导线管、金属支架及金属线槽均根据配电网情况进行可靠接地（保护接地或者保护接零）			
69		12.9.2 金属结构接地	(1) 接地线： 1) 检查是否设置专用接地线，金属结构的连接有非焊接处，是否采用另装设接地干线或者跨接线的处理。 2) 检查是否按照规定禁用金属结构和接地作为载流中性线（电气系统电压为安全电压除外）		
70			(2) 接地电阻：采用接地电阻测量仪测量起重机械接地电阻。测量重复接地电阻时，把 PE 线从接地装置上断开，检查是否符合以下要求： 1) 采用 TN 接地系统时，PE 线重复接地每一处的接地电阻不大于 10Ω（测量时把接地线从重复接地体上断开）； 2) 采用 TT 接地系统时，起重机设置漏电保护装置。电气设备的外露可导电部分（电源保护接地线）的接地电阻不大于 4Ω； 3) 采用 IT 接地系统时，起重机电气设备的外露可导电部分（电源保护接地线）的接地电阻不大于 4Ω	—Ω	

续表

序号	自检内容与要求		检验结果	结论
71	12 电气检查	12.10 电气线路对地绝缘电阻： (1) 额定电压不大于500V时，绝缘电阻不低于1.0 MΩ；防爆起重机不低于1.5 MΩ。 (2) 绝缘起重机械的绝缘电阻均不低于1.0 MΩ	__MΩ	
72		12.11 照明： (1) 检查司机室、通道、电气室、机房等，其可移动式照明是否是安全电压，必要时进行测量并判定。 (2) 禁用金属结构做照明线路的回路		
73		12.12 信号指示： (1) 总电源开关状态在司机室内有明显的信号指示。 (2) 起重机械有警示音响信号，并且在起重机械工作场地范围内能够清楚地听到		
74	13 安全监控管理系统检查	60t以上的门座起重机的安全监控管理系统要符合TSG Q7015—2016《起重机械定期检验规则》中C9和TSG Q7016－2016《起重机械安装改造重大修理监督检验规则》中C12的要求		

续表

整改意见			
序号	整改内容	限期	整改负责人

安装单位专业技术人员自检结论：

签名及日期：

安装单位起重机械安全管理人员或负责人复检结论：

签名及日期：

工程项目部验收意见：

签名及日期：

注 1. 自检项目 1.2、2、3、5、6 仅适用于安装改造重大修理自检。
2. 各栏目应当填写齐全，对于不适用的项目，要在“检验结果”栏目中填写“—”。
3. 对于要求测试数据的项目，要在“检验结果”栏目中填写实际测量的数据。
4. 对于无量值要求的定性项目，要在“检验结果”栏目中做简要说明。如：合格的项目，填写“符合”“有效”“完好”；不合格的项目，简要描述，填写“缺少……标志”“……损坏”等。
5. “结论”栏目中只填写“合格”“不合格”和“无此项”等单项结论。
6. 负责专业技术人员、复检人员、工程项目部审核人员要具备企业内部起重机械检验资格。

附录C 起重机械载荷试验记录报告

表C-1 塔式起重机载荷试验记录报告

塔式起重机载荷试验记录表（一）

工程名称		安装地点	
规格型号		制造厂家	
试验负责人		试验日期	
试验依据	GB/T 5031—2008《塔式起重机》（5.2.3 主要性能参数误差、5.2.4 静刚度要求、6 试验方法、11.4 定期检查）、GB 5144—2006《塔式起重机安全规程》、TSG Q7016—2016《起重机械安装改造重大修理监督检验规则》、TSG Q7016—2008《起重机械定期检验规则》		
试验项目	检验内容与要求	检验结果	结论
空载试验	塔机空载状态下，起升、回转、变幅、运行各动作的操作试验。检查： （1）操作系统、控制系统、联锁装置动作准确性和灵活性。 （2）各行程限位器的动作准确性和可靠性。 （3）各机构中无相对运动部位是否有漏油，有相对运动部位的渗漏情况，各机构运行的平稳性		
	独立状态塔身（或附着状态下最高附着点以上塔身）轴心侧向垂直度允差为4/1000，同时要符合使用说明书的要求	X：__mm Y：__mm	

续表

试验项目	检验内容与要求	检验结果	结论
空载试验	最高附着点以下塔身轴心线的垂直度允差为 2/1000，同时要符合使用说明书的要求	X：__mm Y：__mm	
额定载荷试验	最大幅度相应的额定起重量（简称工况 1）和最大额定起重量相应的最大幅度（简称工况 2）进行起升、变幅、回转、运行动作。测量各机构的运行速度，机构及司机室噪声，力矩限制器、起重量限制器精度	工况 1： 载荷：__t 幅度：__m	
		工况 2： 载荷：__t 幅度：__m	
	具有多挡变速的起升机构，以每挡速度允许的额定起重量进行起升动作，测量每挡工作速度		
	静刚度要求： 塔机臂根铰点水平静位移要不大于 1.34H/100。	水平静位移：__mm	
试验参加人员			

注 1. 测量塔身垂直度时，X 方向代表起重臂与建筑平行方向；Y 方向代表起重臂与建筑垂直。

2. H 为臂根铰点至塔机基准面（无附着时的最大独立高度或有附着时的最大悬臂高度）的垂直距离。

塔式起重机载荷试验记录表（二）

试验项目	检验内容与要求	检验结果		结论
静载试验	工况 3（最大幅度相应的额定起重量的 125%）、工况 4（起吊最大额定起重量的 125%，在该吊重相应的最大幅度）和工况 5（在上两个幅度的中间幅度处，相应额定起重量的 125%）进行静载试验。 检查制动器可靠性，并在卸载后目测检查塔机是否出现可见裂纹、永久变形、油漆剥落、连接松动及其他可能对塔机性能和安全有影响的隐患	工况 3： 载荷：__t 幅度：__m		
		工况 4： 载荷：__t 幅度：__m		
		工况 5： 载荷：__t 幅度：__m		
动载试验	工况 6（最大幅度相应的额定起重量的 110%）、工况 7（起吊最大额定起重量的 110%，在该吊重相应的最大幅度）和工况 8（在上两个幅度的中间幅度处，相应额定起重量的 110%）进行起升、变幅、回转、运行动作。 检查各机构运转的灵活性和制动器的可靠性，卸载后检查机构和结构各部件有无松动和破坏等异常现象	工况 6： 载荷：__t 幅度：__m		
		工况 7： 载荷：__t 幅度：__m		
		工况 8： 载荷：__t 幅度：__m		
试验参加人员				

注 机构或电气控制系统改造后只进行动载试验。

表 C-2　桥门式起重机载荷试验记录报告

工程名称		安装地点	
规格型号		制造厂家	
试验负责人		试验日期	
试验依据	GB 6067.1—2010《起重机械安全规程　第 1 部分：总则》、GB/T 14405—2011《通用桥式起重机》、GB/T 14406—2011《通用门式起重机》、TSG Q7015—2016《起重机械定期检验规则》和 TSG Q7016－2016《起重机械安装改造重大修理监督检验规则》等		
试验项目	检验内容与要求	检验结果	结论
空载试验	按照起升、小车、大车顺序对起重机进行空载运行试验，并且进行如下检查： （1）检查各机构运转是否正常，制动是否可靠。 （2）检查操纵系统、电气控制系统工作是否正常。 （3）检查起重机沿轨道全长运行是否有啃轨现象。 （4）检查各种安全装置工作是否可靠有效		
额定载荷试验	（1）检查各运行机构是否运转正常。 （2）检查主要受力结构件是否无明显裂纹、连接松动，是否无构件损坏等影响起重机性能和安全的缺陷。	主起升机构： 载荷：__t 副起升机构： 载荷：__t	
	（3）检测起重机的静态刚性（额定起重量和小车自重在主梁跨中或有效悬臂长度位置产生的垂直静挠度 f 或 f_1 与起重机跨度 S 或有效悬臂长度 L_1 的比）	f=__mm; f_1=__mm	

续表

试验项目	检验内容与要求	检验结果	结论
静载试验	按照相应要求进行静载荷试验，目测检查是否出现永久变形、油漆剥落或对起重机的性能和安全有影响的损坏，连接处是否未出现松动或者损坏，是否无影响	主起升机构： 载荷：__t 副起升机构： 载荷：__t	
	静载试验后主梁，当空载小车在极限位置时，上拱最高点要在跨度中部 $S/10$ 范围内，其值不要少于 $0.7S/1000$；对于门机，悬臂端的上翘度不要小于 $0.7L/350$	拱度：__mm	
		上翘度：__mm	
动载试验	按照相应要求进行动载试验，检查各机构或结构的构件是否有损坏，检查连接处是否出现松动或损坏		
载荷试验参加人员（签字）			

注 1. 性能试验中的额定载荷试验、静载荷试验、动载荷试验项目，首次安装监督检验、大修和闲置一年以上投入使用前时必须进行；

2. 定期检验时，只需进行空载试验。

表 C-3　履带起重机试验记录报告

履带起重机试验记录表（一）

工程名称		使用地点	
规格型号		制造厂家	
试验负责人		试验日期	
工况			
试验依据	GB/T 14560—2016《履带起重机》、TSG Q7015—2016《起重机械定期检验规则》		
试验项目	检验内容与要求	检验结果	结论
空载试验	（1）检查各机构运转是否正常，制动是否可靠		
	（2）检查操纵系统、电气控制系统和各种指示是否能正常工作		
	（3）检查各种安全装置工作是否可靠有效		
密封性能试验	按照额定载荷试验工况在相应幅度下起吊最大额定起重量，试验载荷在空中停稳后发动机熄火 15min 进行检查，对于新出厂或者大修、改造后的起重机油缸回缩量（c，小数点保留一位）不得超过 2.0mm，重物下降量（d）不超过 15mm；在用起重机油缸回缩量（c）不得超过 6mm	c=__mm d=__mm	
	试验过程中和结束后 15min 内，检查液压油箱、泵、电动机、液压油缸、液压阀、管接头、油堵等连接部位：固定结合面部位手摸无油膜、相对运动部位目测不滴油		

续表

试验项目	检验内容与要求	检验结果	结论
试验参加人员			

注 定期检验只进行空载试验和密封性能试验。

履带起重机载荷试验记录表（二）

试验项目	检验内容与要求	检验结果	结论
额定载荷试验	验证起重机各机构在起吊相应工况100%额定总起重量的试验载荷作用下的性能；验证超载保护装置和三色指示灯的报警功能；检查各机构是否工作正常；检查起重机的零部件是否产生裂纹、永久变形、油漆剥落和对起重机的性能和安全有影响的损坏、连接处没有出现松动或者损坏	工况： (1) 最小幅度：__m 试验载荷：__t (2) 最大幅度__m 试验载荷：__t	
静载荷试验	按照相应要求进行静载荷试验，验证起重机及其各部分结构的承载能力；检查起重机的零部件是否产生裂纹、永久变形、油漆剥落和对起重机的性能和安全有影响的损坏、连接处没有出现松动或者损坏	工况： (1) 最小幅度：__m 试验载荷：__t (2) 最大幅度：__m 试验载荷：__t	

续表

试验项目	检验内容与要求	检验结果	结论
动载试验	按照相应要求进行动载荷试验，验证起重机的各机构在起吊相应工况 110%额定总起重量的试验载荷作用下的性能；验证超载保护装置和三色指示灯的报警功能；检查起重机的零部件是否产生对起重机的性能与安全有影响的损坏，连接处没有出现松动或损坏	工况： (1) 最小幅度：__m 试验载荷：__t (2) 最大幅度：__m 试验载荷：__t	
试验参加人员			

注 1. 以下情况空载试验、密封性能试验后还须进行额定载荷、动载和静载试验：

(1) 新购后首检；

(2) 大修、或改造后；

(3) 闲置一年以上投入使用前。

2. 额定载荷试验、动载试验、静载荷试验时，有多种工况时，每种工况在最小和最大工作幅度下的试验载荷都要在记录表中填写。

表 C-4　施工升降机载荷试验记录报告

工程名称		安装地点	
规格型号		制造厂家	
试验负责人		试验日期	
试验依据	GB 26557—2011《吊笼有垂直导向的人货两用施工升降机》、TSG Q7016—2016《起重机械安装改造重大维修检验规则》、TSG Q7015—2016《起重机械定期检验规则》		

试验项目	检验内容与要求	检验结果	结论
空载试验	要按每个吊笼分别进行空载试验；要全行程进行不少于三个工作循环的空载试验，每一工作循环的升、降过程中要进行不少于两次的制动，其中在半行程以上应至少进行一次吊笼上升和下降的制动试验，观察有无制动瞬时滑移现象		
额定载重量试验	要按左右吊笼分别进行额定载荷试验。 按规定的通电持续率，吊笼内装有额定载荷，载荷重心按内偏和外偏布置，各做全行程连续运行30min的试验，每一工作循环的升降过程中要进行不少于1次的制动。吊笼要运行平稳，启动、制动正常，无异常响声，吊笼停止时，无下滑现象，在中途再启动上升时，不允许出现瞬时下滑现象。 额定载荷试验后，要测量减速器的温升		

续表

<table>
<tr><th>试验项目</th><th>检验内容与要求</th><th>检验结果</th><th>结论</th></tr>
<tr><td>超载试验</td><td>超载试验取125%额定载重量。
载荷在吊笼内均匀布置，工作行程为全行程，工作循环不得少于3次，每一工作循环的升、降过程中要进行不少于一次的制动，吊笼要运行平稳，启动、制动正常，无异常响声，吊笼停止时不要出现下滑现象</td><td></td><td></td></tr>
<tr><td rowspan="3">吊笼坠落试验</td><td>吊笼装有额定载荷，通过操作按钮使吊笼以额定速度上升3～10m，按坠落试验按钮，制动器松闸，吊笼呈自由状态下落，直到达到防坠安全器标定动作速度时，防坠安全器动作，使吊笼制停在导轨架上。
测量制动距离，制动距离符合下表的规定：<table><tr><th>升降机额定速度（m/s）</th><th>制动距离（m）</th></tr><tr><td>$v\leqslant 0.65$</td><td>0.10～1.40</td></tr><tr><td>$0.65<v\leqslant 1.0$</td><td>0.20～1.60</td></tr></table></td><td>制动距离：__mm</td><td></td></tr>
<tr><td>当防坠安全器动作时，其电气联锁安全开关也要动作</td><td></td><td></td></tr>
<tr><td>坠落试验后要检查：①结构及连接有无损坏及永久变形；②吊笼底板在各个方向的水平度偏差改编值</td><td></td><td></td></tr>
<tr><td>试验参加人员</td><td colspan="3"></td></tr>
</table>

注 1. 定期检验时，只需进行空载试验。
2. 除新购或结构大修后首次试验以外，无须进行超载试验。

表 C-5　桅杆式起重机载荷试验记录报告

工程名称		安装地点		
规格型号		制造厂家		
试验负责人		试验日期		
试验依据	GB 6067.1—2010《起重机械安全规程　第1部分：总则》、TSG Q7015—2016《起重机械定期检验规则》等			
试验项目	检验内容与要求		检验结果	结论
空载试验	按照起升、变幅顺序对起重机进行空载运行试验，并且进行如下检查： （1）检查各机构运转是否正常，制动是否可靠。 （2）检查操纵系统、电气控制系统工作是否正常。 （3）检查各种安全装置工作是否可靠有效			
额定载荷试验	（1）检查各运行机构是否运转正常。 （2）检查主要受力结构件是否无明显裂纹、连接松动，是否无构件损坏等影响起重机性能和安全的缺陷		起升机构： 载荷：__t	
静载试验	按照相应要求进行静载荷试验，目测检查是否出现永久变形、油漆剥落或对起重机的性能和安全有影响的损坏，连接处是否未出现松动或者损坏，是否无影响		起升机构： 载荷：__t	

续表

试验项目	检验内容与要求	检验结果	结论
动载试验	按照相应要求进行动载试验，检查各机构或结构的构件是否有损坏，检查连接处是否出现松动或损坏	起升机构： 载荷：__t	
载荷试验参加人员（签字）			

注 1. 性能试验中的额定载荷试验、静载荷试验、动载荷试验项目，首次安装监督检验、大修和闲置一年以上投入使用前时必须进行。

2. 定期检验时，只需进行空载试验。

附录D 起重机械日常检查表

表D-1 **塔式起重机日常检查表**

机械编号： ____年____月____周

检查项目	检查内容	检查日期						
		周一	周二	周三	周四	周五	周六	周日
整机外观检查	机体完整，与前一班停机位置无变化。周围环境是否影响作业							
	受力结构件无变形，螺栓、销轴无松动，焊缝无裂纹							
	顶端指示灯正常							
操作系统检查	司机室整洁无杂物，门锁及门联锁保护正常							
	各监视器、指示器仪表及声光报警、电铃正常							
	操作杆及操作按钮操作正常，操作标识清晰、完整							

续表

检查项目	检查内容	检查日期						
		周一	周二	周三	周四	周五	周六	周日
安全装置检查	检查高度限位器、变幅限位、行走限位、回转限位等安全装置齐全有效							
	回转锁定装置、断绳保护、断轴保护等机构结构完整，工作可靠							
	各取力传感器、力矩限制器结构完整可靠							
电气系统检查	接地线、跨接线齐全，无松脱							
	开关箱、控制箱清洁、无杂物，内部元器件外观正常，门锁齐全							
	电缆无明显破损及异味、发热现象，接头无松动							
起升系统检查	系统部件齐全，工作正常。无明显振动及异常响声							
	传动机构结构完整，无明显损坏，制动灵敏、护罩完整							
	钢丝绳排列整齐，无滑槽跳槽现象，无扭曲及断股、断丝							

续表

检查项目	检查内容	检查日期						
		周一	周二	周三	周四	周五	周六	周日
变幅、回转系统检查	小车运行平稳、制动可靠，无啃轨现象及异常声响							
	小车钢丝绳排列整齐，钢丝绳无扭曲断丝现象							
	回转电动机转运平稳，开式齿轮啮合、润滑正常，回转轴承无异常响声							
大车行走系统检查	行走电动机、传动机构运行平稳，无异常振动和响声							
	行走轨道无明显变形，轨道两侧无障碍物，轨端止挡齐全有效							
当班检查操作人员：（在相应的检查日期下面签名）								

检查情况说明：

操作人员：

注 检查后正常打√、需紧固调整用○、有异常现象打×，并在检查情况说明中描述异常现象的具体情况。如无表中所列设备则填“—”。有异常情况要立即报告使用单位负责人。

表 D－2　　桥（门）式起重机日常检查表

机械编号：　　　　　　　　　　　　　　　　　　　　＿＿年＿＿月＿＿周

检查项目	检查内容	检查日期						
		周一	周二	周三	周四	周五	周六	周日
整机外观检查	机体完整，与前一班停机位置无变化。周围环境无影响作业的因素							
	受力结构件无变形，螺栓、销轴无松动，焊缝无裂纹							
	抗风拉索无脱落、钢丝绳无扭曲、断丝不超过标准要求							
操作系统检查	司机室整洁无杂物，门锁及门联锁保护正常							
	各监视器、指示器仪表及声光报警、电铃正常							
	操作杆及操作按钮操作正常，操作标识清晰、完整							
安全装置检查	检查高度限位器，大、小车行走限位等安全装置齐全有效							
	同轨车辆防碰撞装置齐全完好							
	各取力传感器、载荷限制器灵敏可靠							

续表

检查项目	检查内容	检查日期						
		周一	周二	周三	周四	周五	周六	周日
电气系统检查	接地线、跨接线齐全，无松脱							
	开关箱、控制箱清洁、无杂物，内部元器件外观正常，门锁齐全							
	电缆无明显破损及异味、发热现象，接头无松动							
起升系统检查	系统部件齐全，工作正常。无明显振动及异常响声							
	传动机构结构完整，无明显损坏，制动器动作灵敏、制动可靠，护罩完整							
	钢丝绳排列整齐，无滑槽跳槽现象，无扭曲及断股、断丝现象							
大、小车行走系统检查	大、小车运行平稳、制动可靠，无啃轨现象及异常声响							
	行走轨道无明显变形，轨道两侧无障碍物，轨端止挡齐全有效							

续表

检查项目	检查内容	检查日期						
		周一	周二	周三	周四	周五	周六	周日
大、小车行走系统检查	电动机运转平稳，开式齿轮啮合、润滑正常，回转轴承无异常响声							
当班检查操作人员：（在相应的检查日期下面签名）								

检查情况说明：

操作人员：

注　检查后正常打√、需紧固调整用○、有异常现象打×，并在检查情况说明中描述异常现象的具体情况。如无表中所列设备则填“—”。有异常情况要立即报告使用单位负责人。

表 D-3

流动式起重机日常检查表

机械编号：　　　　　　　　　　　　　　　　　　　　　　　　　　____年____月____周

检查项目	检查内容	检查日期						
		周一	周二	周三	周四	周五	周六	周日
整机外观检查	机体完整，与前一班停机位置无变化。作业场地地基符合要求，周围环境无影响作业的因素							
	受力结构件无变形，螺栓、销轴无松动，焊缝无裂纹							
	整机清洁无杂物，无明显锈蚀部位							
操作系统检查	司机室整洁无杂物，门锁及门联锁保护正常							
	各监视器、指示器仪表、风速仪、水平仪及声光报警、电铃正常							
	操作杆及操作按钮操作正常，操作标识清晰、完整							
安全装置检查	高度限位、主副臂变幅限位、回转锁定装置等安全装置齐全有效							
	主副臂防后倾装置齐全、无变形							
	各取力传感器、力矩限制器灵敏可靠							

续表

检查项目	检查内容	检查日期						
		周一	周二	周三	周四	周五	周六	周日
发动机检查	发动机机油油位正常，机油油质符合要求							
	发动机冷却液液压正常，水箱温度不超标							
	发动机启动顺畅，无明显抖动和异常响声							
液压系统检查	油缸表面无损伤渗油，液压油管无破损，接头无渗漏							
	液压油位正常、油质符合要求，各表计完好，显示正常							
	液压油泵、液压电动机工作正常，无异常噪声和抖动现象							
电气系统检查	蓄电池液位正常，接线无松动和发热现象，发电机工作正常，照明齐全正常							
	控制箱清洁、无杂物，内部元器件外观正常，门锁齐全							
	电缆无明显破损及异味、发热现象，接头无松动							
起升系统检查	卷扬机部件齐全，工作正常，无明显振动及异常响声							
	传动机构结构完整，无明显损坏，制动器动作灵敏、制动可靠，护罩完整							

续表

检查项目	检查内容	检查日期						
		周一	周二	周三	周四	周五	周六	周日
起升系统检查	钢丝绳排列整齐，无滑槽跳槽现象，无扭曲及断股、断丝现象，钢丝绳无摩擦臂架结构							
回转系统检查	回转轴承无异常噪声、振动、卡涩及过热现象							
	开式齿轮啮合正常，润滑正常，制动平稳可靠							
行走系统检查	行走运行平稳、制动可靠，驱动轮、引导轮、支重轮及托链轮与履带板嗑合正常，无异常声响							
	汽车吊支腿工作平稳，油缸无渗油							
	轮胎胎压正常，轮胎磨损不超标							
当班检查操作人员：（在相应的检查日期下面签名）								

检查情况说明：

操作人员：

注 检查后正常打√、需紧固调整用○、有异常现象打×，并在检查情况说明中描述异常现象的具体情况。如无表中所列设备则填“—”。有异常情况要立即报告使用单位负责人。

表 D－4　施工升降机日常检查表

机械编号：　　　　　　　　　　　　　　　　　　　　　　　　　　　　____年____月____周

检查项目	检查内容	检查日期						
		周一	周二	周三	周四	周五	周六	周日
整机外观检查	井架及附着完整牢靠，各停靠楼层平台防护门齐全无损坏							
	受力结构件无变形，螺栓、销轴无松动，焊缝无裂纹							
	基坑无积水、无杂物							
操作系统检查	司机室整洁无杂物，灭火器压力正常							
	各监视器、指示器仪表、楼层呼叫、电铃正常							
	操作杆及操作按钮操作正常，操作标识清晰、完整							
吊笼检查	吊笼结构正常，无变形，门锁正常，两侧拉门启闭正常							
	吊笼内安全注意事项、限载标志齐全，吊笼内照明充足							
	吊笼上下运行位置无障碍物							

续表

检查项目	检查内容	检查日期						
		周一	周二	周三	周四	周五	周六	周日
安全装置检查	上、下限位器，紧急制动限位等安全装置齐全有效							
	吊笼门、平台门联锁保护限位齐全，工作正常							
	重量限制器工作正常有效							
	防坠器螺栓连接坚固，在检测有效期内							
	吊笼缓冲器齐全无损坏							
电气系统检查	接地线、跨接线齐全，无松脱							
	开关箱、控制箱清洁、无杂物，内部元器件外观正常，门锁齐全							
	电缆卷筒转动平稳，电缆导架上下顺畅							
	电缆无明显破损及异味、发热现象，接头无松动							
传动系统检查	电动机、变速箱传动系统部件齐全，工作正常。无明显振动及异常响声							

续表

检查项目	检查内容	检查日期						
		周一	周二	周三	周四	周五	周六	周日
传动系统检查	传动齿轮与齿条啮合正常，润滑良好。导向轮与立柱导杆运行平稳无卡涩							
	机构结构完整，各部件磨损正常。制动器动作灵敏、制动可靠，护罩完整							
	对重钢丝绳无滑槽跳槽、无扭曲及断股、断丝现象							
当班检查操作人员：（在相应的检查日期下面签名）								

检查情况说明：

操作人员：

注 检查后正常打√、需紧固调整用○、有异常现象打×，并在检查情况说明中描述异常现象的具体情况。如无表中所列设备则填“—”。有异常情况要立即报告使用单位负责人。

附录E 起重机械月度（季度）检查表

表 E-1 塔式起重机月度（季度）检查表

No：

固资编号		规格型号		额定起重力矩/起重量	/
塔身高度/臂长	/	司机		检查日期	

序号	检验项目	检查内容与要求	检查结果
1	司机习惯	司机作业资格证随身携带；注意力要集中，不得从事与工作无关的其他活动	
2	作业环境和外观	安全检验合格标志、使用登记证、安全技术操作规程和产品铭牌等置于司机室的显著部位；起重机械运动部分与建筑物、设施、输电线的安全距离符合标准规定	
3	基础和轨道	基础无沉降、积水等现象；若是行走式塔机检查大车是否出现明显松动，是否存在影响其安全运行的明显缺陷	
4	司机室	司机室配有灭火器和绝缘地板；所有操纵手柄、按钮的上面或附近处均要有表明用途和操纵方向的标志	
5	金属结构	塔身、套架、承座、起重臂、平衡臂、A字架、附着装置等主要受力构件无明显塑性变形；连接焊缝无明显可见的焊接缺陷，螺栓和销轴等连接无松动，无缺件、损坏等缺陷	

续表

序号	检验项目	检查内容与要求	检查结果
6	主要零部件	对主要零部件（包括吊钩、钢丝绳、滑轮、开式齿轮、卷筒、减速机、行走轮等），检查是否出现磨损、变形、缺损，并且判断是否达到报废要求；卷筒和钢丝绳等固定是否牢固；钢丝绳有无跳槽；行走轮有无啃轨；按照润滑图表，各润滑点润滑正常	
7	顶升液压系统	检查液压系统是否有渗漏油现象	
8	电气与控制系统	检查电气设备与控制的操纵机构功能是否有效；各电气元件固定是否牢固；各线路绝缘是否良好，接地是否可靠；短路保护、失电压保护、零位保护、断错相保护等电气保护正常；警示音响信号正常	
9	安全保护和防护装置检查	力矩限制器、起重量限制器、起升高度限位器、幅度限位器和防后倾装置、回转限制器、小车断绳和断轴保护、安全监控系统、顶升横梁防脱等安全装置正常有效、灵敏可靠；操作手柄防失误功能开关未被解除；安全监控系统的有效性	
10	空载试验	检查各机构运转是否正常，制动是否可靠；检查操纵系统、电气控制系统和各种指示是否能正常工作；检查各种安全装置工作是否可靠有效	

检查情况记录：

检查人：

注　由施工单位起重机械安全管理人员完成。

表E-2 桥（门）式起重机月度（季度）检查表

No：

固资编号		设备名称		规格型号	
额定起重量		司机		检查日期	

序号	检验项目	检查内容与要求	检查结果
1	司机习惯	司机作业资格证随身携带；注意力要集中，不得从事与工作无关的其他活动	
2	作业环境和外观	安全检验合格标志、使用登记证、安全技术操作规程和产品铭牌等置于司机室的显著部位；起重机械运动部分与建筑物、设施、输电线的安全距离符合标准规定	
3	基础和轨道	检查起重机大车、小车轨道是否出现明显松动，是否存在影响其安全运行的明显缺陷	
4	司机室	司机室配有灭火器和绝缘地板；所有操纵手柄、按钮的上面或附近处均要有表明用途和操纵方向的标志	
5	金属结构	桥身、刚柔性支腿、小车、台车和下横梁等主要受力构件无明显塑性变形；连接焊缝无明显可见的焊接缺陷，螺栓和销轴等连接无松动，无缺件、损坏等缺陷	
6	主要零部件	对主要零部件（包括吊钩、钢丝绳、滑轮、开式齿轮、卷筒、减速机、行走轮等），检查是否出现磨损、变形、缺损，并且判断是否达到报废要求；卷筒和钢丝绳等固定是否牢固；钢丝绳有无跳槽；行走轮有无啃轨；按照润滑图表，各润滑点润滑正常	

续表

序号	检验项目	检查内容与要求	检查结果
7	电气与控制系统	检查电气设备与控制的操纵机构功能是否有效；各电气元件固定是否牢固；各线路绝缘是否良好，接地是否可靠；短路保护、失电压保护、零位保护、断错相保护等电气保护正常；警示音响信号正常	
8	安全保护和防护装置检查	主副起升机构载荷限制器、起升高度限位器、大小车行走限位器、有关进入起重机的门、从司机室登上桥架的舱口门要设的联锁保护装置等安全装置正常有效、灵敏可靠；大小车轨道端部止挡和防撞缓冲装置设置正常；安全监控系统的有效性	
9	空载试验	检查各机构运转是否正常，制动是否可靠；检查操纵系统、电气控制系统和各种指示是否能正常工作；检查各种安全装置工作是否可靠有效	
检查情况记录： 检查人：			

注　由施工单位起重机械安全管理人员完成。

表 E-3　汽车式起重机月度（季度）检查表

No：

固资编号		规格型号		制造单位	
额定起重量		司机		检查日期	

序号	检验项目	检查内容与要求	检查结果
1	司机习惯	司机作业资格证随身携带；注意力要集中，不得从事与工作无关的其他活动	

续表

序号	检验项目	检查内容与要求	检查结果
2	作业环境和外观	安全技术操作规程和产品铭牌等置于司机室的显著部位；起重机械运动部分与建筑物、设施、输电线的安全距离符合标准规定；司机室铭牌、机身型号、起重量性能表上三者最大额定起重量一致	
3	基础	支腿工作地面平整、坚实，支承情况符合使用说明书的要求	
4	司机室	司机室配有灭火器和绝缘地板；所有操纵手柄、踏板的上面或附近处均要有表明用途和操纵方向的标志	
5	金属结构	起重臂、回转平台等主要受力机构无明显塑性变形；连接焊缝无明显可见的焊接缺陷，螺栓和销轴及其保险销等连接无松动，无缺件、损坏等缺陷	
6	主要零部件（工作机构）	对主副起升机构、变幅机构、回转机构、下车等主要零部件（包括吊钩、钢丝绳、滑轮、开式齿轮、卷筒、减速机、制动器、发动机等），检查是否出现磨损、变形、缺损，并且判断是否达到报废要求；卷筒和钢丝绳等固定是否牢固；按照润滑图表，各润滑点润滑正常	
7	电气与控制系统	检查电气设备与控制的操纵机构功能是否有效，警示音响信号正常	
8	液压系统	检查液压系统是否有渗漏油现象	
9	安全保护和防护装置检查	司机室技术参数显示正常；力矩限制器和起重量限制器、起升高度限位器、变幅限位器和防后翻装置等安全装置正常有效、灵敏可靠；未解除安全装置工作	

续表

序号	检验项目	检查内容与要求	检查结果
10	空载试验	检查各机构运转是否正常，制动是否可靠；检查操纵系统、电气控制系统和各种指示是否能正常工作；检查各种安全装置工作是否可靠有效	

检查情况记录：

检查人：

注 由施工单位起重机械安全管理人员完成；本表适用于长租汽车起重机；对于短期零星租赁汽车起重机采用表式“零星租赁汽车起重机安全技术检验汇总表”。

表 E-4 履带起重机月度（季度）检查表

No：

固资编号		规格型号		制造单位	
工况		司机		检查日期	

序号	检验项目	检查内容与要求	检查结果
1	司机习惯	司机作业资格证随身携带；注意力要集中，不得从事与工作无关的其他活动	
2	作业环境和外观	安全检验合格标志、使用登记证、安全技术操作规程和产品铭牌等置于司机室的显著部位；起重机械运动部分与建筑物、设施、输电线的安全距离符合标准规定	
3	基础和行走路面	工作地面和行走路面要坚实平整，地面倾斜度符合使用说明书的要求	
4	司机室	司机室配有灭火器和绝缘地板；所有操纵手柄、踏板的上面或附近处均要有表明用途和操纵方向的标志	

续表

序号	检验项目	检查内容与要求	检查结果
5	金属结构	起重臂、回转平台、履带架、拉索/拉板/拉管等主要受力机构无明显塑性变形；连接焊缝无明显可见的焊接缺陷，螺栓和销轴及其保险销等连接无松动，无缺件、损坏等缺陷	
6	主要零部件（工作机构）	对主副起升机构、各变幅机构、回转机构、行走机构等主要零部件（包括吊钩、钢丝绳、滑轮、开式齿轮、卷筒、减速机、制动器、四轮一带、发动机等），检查是否出现磨损、变形、缺损，并且判断是否达到报废要求；卷筒和钢丝绳等固定是否牢固；按照润滑图表，各润滑点润滑正常	
7	电气与控制系统	检查电气设备与控制的操纵机构功能是否有效，警示音响信号正常	
8	液压系统	检查液压系统是否有渗漏油现象	
9	安全保护和防护装置检查	司机室技术参数显示正常；力矩限制器和起重量限制器、起升高度限位器、变幅限位器和防后翻装置等安全装置正常有效、灵敏可靠；未解除安全装置工作；安全监控系统的有效性	
10	空载试验	检查各机构运转是否正常，制动是否可靠；检查操纵系统、电气控制系统和各种指示是否能正常工作；检查各种安全装置工作是否可靠有效	

检查情况记录：

检查人：

注 由施工单位起重机械安全管理人员完成。

表 E-5　　施工升降机月度（季度）检查表

No：

固资编号			规格型号		额定载重量	
导轨架高度			司机		检查日期	
序号	检验项目	检查内容与要求				检查结果
1	司机习惯	司机作业资格证随身携带；注意力要集中，不得从事与工作无关的其他活动				
2	作业环境和外观	安全检验合格标志、使用登记证、安全技术操作规程和产品铭牌等置于司机室的显著部位；升降机机械运动部分与建筑物、设施、输电线的安全距离符合标准规定				
3	司机室	司机室配有灭火器和绝缘地板；所有操纵手柄、按钮的上面或附近处均要有表明用途和操纵方向的标志				
4	基础及地面防护围栏	基础无沉降、积水等现象；地面防护围栏要符合使用说明书和 GB 26557—2011《吊笼有垂直导向的人货两用施工升降机》的要求				
5	吊笼	吊笼活动门开关正常，无损坏；箱体要完好；笼顶围栏要牢固、可靠，无变形损坏；配备有专用直梯；笼顶紧急出口活动门正常				
6	层门及楼层平台	层门和停层栏杆无变形损坏，开关正常；楼层平台与吊笼距离合适、无变化；各楼层指示牌无缺损；各层铃工作正常				
7	金属结构	导轨架、附墙架、吊笼、楼层平台等主要受力构件无明显塑性变形；连接焊缝无				

续表

序号	检验项目	检查内容与要求	检查结果
7	金属结构	明显可见的焊接缺陷，螺栓和销轴等连接无松动，无缺件、损坏等缺陷；附墙架间距和导轨架自由端高度符合说明书的要求	
8	主要零部件	对主要零部件（钢丝绳、滑轮、驱动系统、制动器、滚轮、背轮、对重等），检查是否出现磨损、变形、缺损，并且判断是否达到报废要求；按照润滑图表，各润滑点润滑正常	
9	电气与控制系统	检查电气设备与控制的操纵机构功能是否有效；各电气元件固定是否牢固；各线路绝缘是否良好，接地是否可靠；短路保护、失电压保护、零位保护、断错相保护等电气保护正常；警示音响信号正常	
10	安全保护和防护装置检查	防坠安全器、超载保护装置、各门的机械锁紧和电气安全开关、各限位装置和极限开关等安全装置工作正常；吊笼安全钩、缓冲器、钢丝绳防松弛保护装置设置正常	
11	空载试验	检查各机构运转是否正常，制动是否可靠；检查操纵系统、电气控制系统和各种指示是否能正常工作；检查各种安全装置工作是否可靠有效	

检查情况记录：

检查人：

注　由施工单位起重机械安全管理人员完成。

表E-6　门座式起重机月度（季度）检查表

No：

固资编号		规格型号		额定起重力矩	
额定起重量		司机		检查日期	

序号	检验项目	检查内容与要求	检查结果
1	司机习惯	司机作业资格证随身携带；注意力要集中，不得从事与工作无关的其他活动	
2	作业环境和外观	安全检验合格标志、使用登记证、安全技术操作规程和产品铭牌等置于司机室的显著部位；起重机械运动部分与建筑物、设施、输电线的安全距离符合标准规定	
3	基础和轨道	基础无沉降、积水等现象；若是行走式起重臂检查大车是否出现明显松动，是否存在影响其安全运行的明显缺陷	
4	司机室	司机室配有灭火器和绝缘地板；所有操纵手柄、按钮的上面或附近处均要有表明用途和操纵方向的标志	
5	金属结构	主要受力构件无明显塑性变形；连接焊缝无明显可见的焊接缺陷，螺栓和销轴等连接无松动，无缺件、损坏等缺陷	
6	主要零部件	对主要零部件（包括吊钩、钢丝绳、滑轮、开式齿轮、卷筒、减速机、行走轮等），检查是否出现磨损、变形、缺损，并且判断是否达到报废要求；卷筒和钢丝绳等固定是否牢固；钢丝绳有无跳槽；行走轮有无啃轨；按照润滑图表，各润滑点润滑正常	

续表

序号	检验项目	检查内容与要求	检查结果
7	电气与控制系统	检查电气设备与控制的操纵机构功能是否有效；各电气元件固定是否牢固；各线路绝缘是否良好，接地是否可靠；短路保护、失电压保护、零位保护、断错相保护等电气保护正常；警示音响信号正常	
8	安全保护和防护装置检查	力矩限制器、起重量限制器、起升高度限位器、幅度限位器和防后倾装置、安全监控系统等安全装置正常有效、灵敏可靠	
9	空载试验	检查各机构运转是否正常，制动是否可靠；检查操纵系统、电气控制系统和各种指示是否能正常工作；检查各种安全装置工作是否可靠有效	

检查情况记录：

检查人：